张量数据的特征提取与分类

张帆 许丽 孙帅 著

中国水利水电出版社
www.waterpub.com.cn

·北京·

内 容 提 要

本书的主要研究内容是在模式识别应用领域中，提出新的基于张量数据的特征提取和分类算法，并且对这些张量型算法进行详细的理论推导和性能分析，在实验中验证所提出算法的优越性。主要内容来自于作者多年的研究成果，使读者能够比较全面地了解张量分析的基本知识以及张量型算法在模式识别领域的研究、发展和应用。本书理论联系实际，集知识性、专业性、操作性、技能性为一体。本书的读者对象主要为模式识别、人工智能领域的研究人员以及高等院校高年级的学生和研究生。

图书在版编目（CIP）数据

张量数据的特征提取与分类 / 张帆, 许丽, 孙帅著
. -- 北京 : 中国水利水电出版社, 2017.8（2022.9重印）
　　ISBN 978-7-5170-5755-0

Ⅰ.①张… Ⅱ.①张… ②许… ③孙… Ⅲ.①张量分析－数据采集 Ⅳ.①O183.2

中国版本图书馆 CIP 数据核字(2017)第 193620 号

责任编辑：陈　洁　　　封面设计：王　斌

书　　名	张量数据的特征提取与分类 ZHANGLIANG SHUJU DE TEZHENG TIQU YU FENLEI
作　　者	张帆　许丽　孙帅　著
出版发行	中国水利水电出版社 （北京市海淀区玉渊潭南路 1 号 D 座　100038） 网址：www. waterpub. com. cn E－mail：mchannel@ 263. net（万水） 　　　　　sales@ mwr. gov. cn 电话：（010）68545888（营销中心）、82562819（万水）
经　　售	全国各地新华书店和相关出版物销售网点
排　　版	北京万水电子信息有限公司
印　　刷	天津光之彩印刷有限公司
规　　格	170mm×230mm　16 开本　12 印张　215 千字
版　　次	2018 年 1 月第 1 版　2022年9月第2次印刷
印　　数	2001-3001册
定　　价	**48.00 元**

凡购买我社图书，如有缺页、倒页、脱页的，本社营销中心负责调换

前　言

在许多应用领域，特别是在云计算、移动互联网、大数据应用等方面，会产生大量的高维高阶的数据，采用张量的数学形式能够恰当地表示这些具有多维结构的数据。这些数据往往含有大量的冗余信息，需要对其进行有效的降维。在模式识别中，特征提取（降维）和分类是两个关键步骤。大多经典的特征提取和分类的算法都是基于向量数据的，处理张量数据时需要将其向量化。张量数据向量化的过程会破坏数据的内部结构，维数会显著增加，使算法的计算量和复杂度也显著增加。因此，对于张量型特征提取和分类算法的研究具有重要的应用价值。

本书以张量分析的数学理论为工具，针对基于张量数据的特征提取和分类算法现有的一些问题进行了研究，并提出新的张量型特征提取和分类算法。

本书内容自成体系，共分为6章，第1章绪论。本章主要论述了本书的研究背景和意义，介绍了张量数据的表示和定义，详细分析了当前基于张量数据的特征提取和分类方法的研究发展现状，并指出目前存在的一些问题，以及向量型和张量型算法的比较，同时介绍了在本书实验中所用到的数据库。

第2章相关理论基础。本章主要是对在后续章节中所用到的数学和经典算法的相关理论知识介绍。尤其对主成分分析、线性判别分析、最大散度差、极限学习机和岭回归等这些特征提取和分类算法进行了分析和说明，为后续章节张量型的特征提取和分类算法的研究提供了数学分析工具，奠定了理论基础。

第3章基于MPCA和GTDA的张量型特征提取算法。本章首先介绍了MPCA和GTDA两种算法的基本原理，然后比较MDA和GTDA的优缺点，表明了MPCA+GTDA二者联合的优越性，并给出了算法的详细流程。同时，对GTDA算法的一些先决条件和性质，如收敛性、投影后空间的维度、初始化条件等问题进行了研究。最后，通过在人脸和步态数据库中的实验，表明了MPCA+GTDA作为一种新的张量型特征提取算法的优越性。

第4章张量型极限学习机分类算法。本章阐述了如何把一维分类算法极限学习机，分别扩展到二维和张量领域，即二维极限学习机和张量极限学习机分类器的推导过程，从而使其能够直接对二阶和更高阶张量数据进行分类。最后，通过实验结果表明该算法的分类效果。

第 5 章多线性多秩回归分类算法（MMRR）。本章首先简要阐述了采用秩 1 分解得到的张量型分类算法存在的一些不足的前提下，提出了基于多秩分解的多线性多秩回归算法，并且对该算法进行了详细的理论推导，列出了具体的计算流程。同时，对该算法性能有重要影响的一些先决条件，如参数选择、初始化条件、收敛条件等，结合实验结果进行了深入的探讨和分析。最后在多个张量型数据库上验证了该算法的分类效果。

第 6 章总结与展望。即对全文的内容进行总结，并对张量型特征提取和分类算法进一步的工作进行了展望。

本书由张帆、许丽、孙帅著，由于作者水平有限，编写时间仓促，书中错误和不妥之处在所难免，请读者和专家批评指正。

作者

2017 年 6 月

目　录

1

绪论

第1章　绪论

  本书将从一些传统的特征提取和分类算法出发,如主成分分析、极限学习机分类和线性回归分类等,提出新的基于张量数据的特征提取和分类的算法,并将其应用在实际问题中。由于特征提取和分类是模式识别系统中的两个关键步骤,本章首先介绍模式识别系统及其研究背景和意义,以及传统的特征提取和分类算法,基于张量的特征提取和分类算法的研究现状,后续研究中所用到的数据库,最后为本书的研究内容与框架。

1.1　研究背景与意义

  当今社会的信息化进程不断发展,科技工作面临的研究对象也与日俱增,如何能准确高效地寻找到具有价值的信息并对其准确定位和分类,成为当下关注和研究的热点问题。目前已有许多学科从不同途径和角度对此进行了深入的研究，这其中就包括模式识别技术，而特征提取和分类则是模式识别系统中的两个主要步骤，是决定模式识别系统优劣性的重要因素之一。

模式识别也可称为模式分类，是根据研究对象的特性和已知类别进行匹配的过程。这些对象与应用领域有关，可以是图像、信号波形或任何可测量并需要分类的对象。随着模式识别技术的日益丰富和完善，在工业、农业、国防、医学、气象、天文等领域都得到了成功应用[1-4]。其中，近年来发展最快的应属于计算机视觉领域，如文本识别、生物特征识别（指纹、掌纹、人脸、虹膜、视网膜、人体行为、表情等）、医学图像识别、遥感图像识别等。

典型的模式识别系统框图如图 1.1 所示，主要由信息获取、预处理、特征提取和分类这四个既相互联系又明显区分的步骤组成。根据处理对象的不同，可选用各种传感器、测量装置或输入装置进行信息的采集和获取。在信息获取完成后，常需要对采集样本进行预处理操作，以便抽取出受干扰因素影响比较小的待识别样本。

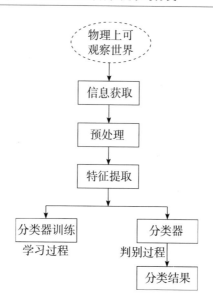

图 1.1   模式识别系统框图

在对客观世界进行信息采集的过程中, 总是尽可能多地采集各项数据以保证样本模式的真实性和完整性, 从而导致了采集到的样本具有过大维数, 使处理数据的过程复杂而耗时。考虑到不同的特征对于不同的分类要求具有不同的意义, 可通过特征提取过程将对识别有明显作用的特征提取出来, 从而压缩模式的维数, 提高识别的效率和准确度。特征提取后的特征空间用于分类, 分类即是将未知类别属性的样本判定归属为某一类型。为了使分类器有效地进行分类判决, 首先应对分类器进行训练, 也就是分类器的学习过程。分类器的学习过程需经过多次重复, 不断纠正错误, 才能取得满足要求的类别识别率。经过学习过程的分类器, 对待识别特征样本进行判别,确定其类别归属,这一过程称为判别过程或者测试过程。如果训练样本的所属类别是已知的,可在机器学习中起监督引导的作用,称为有监督的模式分类;如果训练样本的所属类别未知,称为无监督的模式分类;如果已知部分样本的类别属性,称为半监督的模式分类。

在新兴的应用领域,特别是在云计算、移动互联网、大数据应用等方面,产生大量高维高阶的数据。这些数据无论大小,大多都具有多维的结构,可以用张量的数学形式来表示。譬如,计算机视觉和图像处理中的灰度图像,神经科学和生物医学领域中的多通道心电图信号,生物信息学中的基因图,都可归类于二阶张量;人机交互中用于动作和姿态识别的灰度视频,人脸识别中的彩色人脸图像,则可用三阶张量来表示。在传感器网络、医学图像分析等领域中,还存在着更高阶次的张量数据。这些张量数据具有很大的维数,并含有大量的冗余信息。而传统的特征提取和分类方法大多都以向量数据为处理对象,面对这些高维高阶的张量数据时,需要将张量数据向量化,而这一做法会带来"维数灾难"。主要有以下两个缺点。

(1) 对张量的向量化即是将张量中各列或行向量依次首尾相连,这一操作将导致高维向量的产生,增加算法的计算量和复杂度,占用更多存储空间,以及容易出现过拟合现象。

(2) 对张量的直接向量化,会改变数据原有的数据结构,丢失大量有用的数据结构信息,譬如原有数据中特征和特征之间的空间位置信息。而内部信息的丢失,会影响最终的识别效果。

因此，为了更好地在模式识别应用中处理张量数据，避免对其进行向量化操作，基于张量数据的特征提取和分类算法在近年来得到不断的研究和发展。研究成果表明，采用张量型的算法直接处理张量数据，不仅可以保留数据的内部结构信息，还可以在张量化过程中有效控制优化问题中变量的个数，从而减少在学习过程中出现过拟合现象。基于张量数据的特征提取和分类算法优点众多，已得到科学界广泛地研究和应用，理论研究和实际应用都得到了快速的发展。

目前关于张量型特征提取和分类算法的研究，主要集中在由向量型算法向张量型算法扩展的方向上，取得的一些成果和进展将在1.3节的研究现状中进行介绍。在现有的张量型特征提取和分类算法中，仍然存在有一些问题。譬如，有些算法在迭代优化的计算过程中不收敛，从而造成算法的计算结果具有波动性，不能获得稳定的识别结果；有些采用张量秩1分解的张量型算法由于自由变量太少，存在欠拟合的问题，也会影响算法最终识别效果的情况。这些都是在张量型学习算法的研究中可能遇到的问题。针对这些问题的研究和改进，对张量型特征提取和分类算法的发展和推广也具有重要的意义。

1.2 传统特征提取和分类方法

用于特征提取和分类的算法众多,在计算机视觉应用领域,主要有基于子空间分析的方法、基于神经网络的方法、基于支持向量机的方法和基于 Gabor 小波特征的方法等[5]。其中,基于子空间分析的特征提取算法通过将样本投影到某最优解子空间,以便达到降低样本维度和提取更具有鉴别度特征的目的。由于映射方法有线性和非线性两种,所以子空间分析法分为线性和非线性两类。用于降维的线性子空间方法主要包括主成分分析(Principal Component Analysis,PCA)[6]、独立成分分析(Independent Component Analysis,ICA)[7][8]、线性判别分析(Linear Discriminant Analysis,LDA)[9]、典型相关分析(Canonical Correlation Analysis,CCA)[10]、偏最小二乘分析(Partial Least Squares Analysis,PLSA)[11]和最大散度差(Maximum Scatter Difference,MSD)[12]等方法。非线性子空间方法主要有基于核映射的非线性子空间方法,流形学习(Manifold Learning)等方法。核映射的非线性算法主要是在原有线性特征提取算法基础上引入核方法,其中被广泛应用的有核主成分分析(Kernel Principal Component Analysis,KPCA)[13]、核典型相关分析(Kernel Canonical Correlation

Analysis，KCCA)[14]、核 Fisher 判别分析 (Kernel Fisher Discriminant Analysis，KFD)[15]等。经典流形学习方法有等距映射算法 (Isometric Mapping，Isomap)[16]、局部保持映射 (Local Linear Embedding，LLE)[17]和保局部投影 (Locality Preserving Projections，LPP)[18]等。

基于神经网络的方法是由大量神经元组成的人工神经网络 (Artificial Neural Network，ANN) 系统，具有分布式存储、并行处理信息、自组织和自学习的特点。经过训练的神经网络可有效提取信号、语音、图像等感知模型的特征，可应用于模式识别的各个环节。人工神经网络的连接形式可分为分层型和互连型两种，分层型神经网络又分为简单前馈网络、反馈型前馈网络和内层互连前馈网络。其中，极限学习机 (Extreme Learning Machine，ELM)[19]、BP 网络[20]和径向基网络[21]都是得到广泛应用的前馈神经网络。

支持向量机 (Support Vector Machine，SVM)[22]是基于统计学习理论的一种机器学习方法。SVM 依据最大间隔准则，通过引入核函数，将样本向量映射到高维特征空间，然后在高维空间中构造最优分类面，获得线性最优决策函数，具有良好的学习机泛化能力。初始致力于二分类的 SVM，后被推广到多分类、回归、聚类等方面，并取得了不错的效果。

传统的特征提取和分类方法及其各种改进型算法主要针对向量数据进行处理，虽然在模式识别领域取得了良好效果，但是当前海量的高维数据应采用多阶张量形式才能更准确地表示。如果把张量数据转化为向量数据使用,不仅会破坏数据的内部结构,丢失有用信息,还会带来维数灾难。于是,在传统模式识别方法的基础上,研究者又提出众多基于张量数据的模式识别处理算法,本书在 1.3 节中对张量学习领域的研究内容和研究现状进行了全面介绍,其中包括数据的张量表示,张量型特征提取和分类算法的研究现状,以及张量型与向量型算法的比较。

1.3　基于张量数据的特征提取和分类方法研究现状

由于对张量数据的处理和识别的需求日益增加,近年来,学者们也提出了多种能够直接对张量进行特征提取和分类的算法。关于张量数据的特征提取(降维),本书在 1.2 节中介绍的经典线性和非线性特征提取算法大多已被推广到二阶和更高阶次的张量模式。在本节中,先介绍数据的张量表示形式,然后再分析张量型特征提取和分类方法的发展现状,以及张量型算法同向量型算法之间对比的优缺点。

1.3.1　数据的张量表示

客观物理世界的待处理数据,无论数据量大小,大多具有高维的结构,在计算机中是以多维矩阵的形式存储的。从数学角度讲,高维数据也称为张量数据,张量的阶数对应于矩阵的维数。张量可看作是向量和矩阵数据在概念上的推广,标量属于零阶张量,向量属于一阶张量,矩阵属于二阶张量,立体矩阵属于三阶张量,而更高阶次的张量则无法直接可视化表示。在计算机视觉领域中,灰度图像可表示为二阶张量,在模式识别应用领域中,以灰图图像为识别对象的任务很常见,如灰度人脸图像、指纹图像、掌纹图像、虹膜图像、耳朵图像等生物信息识别。三阶张量包括彩色图像、3D 立体图像、灰度步态序列等。四阶张量包括有彩色视频等,在一些情况下,还存在有更高阶次的张量数据。图 1.2 表示了一张人脸的灰度图像,它的行和列分别为此二阶张量的 1 模和 2 模。在图 1.3 中表示了医学心电图图像,其中 1 模和 2 模分别对应于心电图的时间轴和取值。图 1.4 则表示了一组步态序列,1 模对应行向量,2 模对应列向量,3 模对应时间轴,这是一个三阶张量。

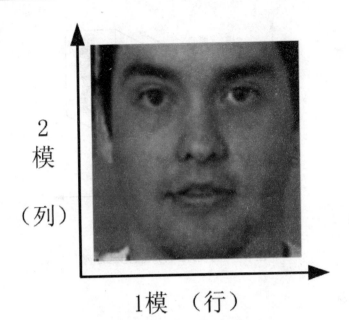

图 1.2　可视为二阶张量的灰度人脸图像

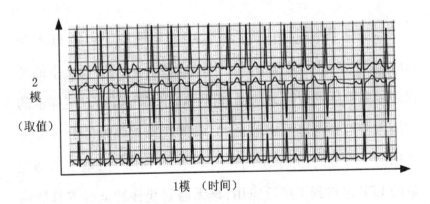

图 1.3　可视为二阶张量的心电图图像

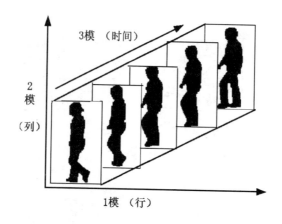

图 1.4   可视为三阶张量的步态序列

1.3.2   基于张量数据的特征提取算法

在线性子空间特征提取算法中应用最广泛的是 PCA 和 LDA 算法,前者为无监督算法,目的是寻求在均方意义下的可代表原始数据的投影方法;后者为有监督算法,通过使样本的类间方差与类内方差比值最大,取得能最大限度区分各分类数据的投影方向。除了全局算法 PCA 和 LDA 外,基于局部变量的 LPP 也得到了广泛应用,该无监督线性特征提取算法通过创建并保持样本点间局部结构的邻接图,将样本映射到低维子空间。

为了把二阶张量数据以矩阵的形式直接计算,学者们提出了一系列二维算法,如 2DPCA[23]、2DLDA[24]、2DLPP[25] 和可对矩阵样本进行双边变换的 $(2D)^2$PCA[26] 和 $(2D)2$LDA[27] 等。这些二维扩展的算法能有效地对 2 阶张量进行特征提取，在人脸识别和图像识别领域中也得到了广泛应用，但其处理对象只针对二阶矩阵，无法满足更高阶次张量数据的处理需求。为了能对更高阶次的样本进行特征提取和分类处理，学者们又提出了一系列可直接作用于张量数据的多线性算法。譬如，多线性主成分分析 (Multilinear Principal Component Analysis,MPCA)[28]、多线性判别分析 (Multilinear Discriminant Analysis,MDA)[29]、广义张量判别分析 (General Tensor Discriminant Analysis,GTDA)[30]、和张量子空间分析 (Tensor Subspace Analysis,TSA)[31] 等算法都是通过高阶奇异值分解 (Higher Order Singular Value Decomposition, HOSVD)[32]，对张量数据的每一模展开分别进行对应线性算法 PCA、LDA、MSD 和 LPP 的变换。如果把传统线性降维算法看做矢量 – 矢量投影的话，则 MPCA、MDA 等多线性算法可归为张量 – 张量投影 (Tensor to Tensor Projection,TTP) 一类，另一种常用的多线性投影模式则是基于张量 – 矢量 (Tensor to Vector Projection,TVP)[33] 投影。关于 TTP 投影和 TVP 投影的数学计算方法，本书将在 2.1.4 节中进行详细的阐述。

除了前文提到的 MPCA、MDA、GTDA 和 TSA 以外，还有其他常用的基于 TTP 的多线性降维算法，在图 1.5 中逐一列出，并且根据有监督和无监督，全局优化方法和局部优化方法，阶次等于 2 和阶次大于 2 进行分类。其中广义主成分分析

（Generalized Principal Component Analysis，GPCA）[34] 和广义低秩矩阵逼近（Generalized Low Rank Approximations of Matrices，GLRAM）[35] 算法原理相似，都是采用含有数据内部空间相关性信息的右乘和右乘向量进行变换，不同的是前者在初始化阶段对样本进行了中心化处理，而后者没有。鲁棒多线性主成分分析（Robust Multilinear Principal Component Analysis，RMPCA）[36] 和非负多线性主成分分析（Non – negative Multilinear Principal Component Analysis，NMPCA）[37] 都是对 MPCA 的改进，前者在迭代优化过程中，依据拉格朗日乘数来处理样本内部出现的异常值，而后者是在 MPCA 的基础上添加了投影矩阵取值为非负的限制。张量核主成分分析（Tensorial Kernal Principal Component Analysis，TKPCA）[38] 和多线性独立成分分析（MultilinearIndependent Component Analysis，MICA）[39] 则是通过 TTP 投影将 KPCA 和 ICA 扩展到张量领域的多线性子空间算法，类似于 MPCA 的多线性扩展方式。另外，张量保持邻域嵌入（Tensor Neighborhood Preserving Embedding，TNPE）[40]，张量局部鉴别嵌入（Tensor Local Discriminant Embedding，TLDE）[40]，和张量判别局部线性嵌入（Tensor Discriminant Locally Linear Embedding，TDLLE）[41] 同样也是通过 TTP 投影分别将保持邻域嵌入（Neighborhood Preserving Embedding，NPE）[42]，局部鉴别嵌入（Local Discriminant Embedding，LDE）[43] 和判别局部线性

嵌入(Discriminant Locally Linear Embedding,DLLE)[41] 扩展
到张量领域。

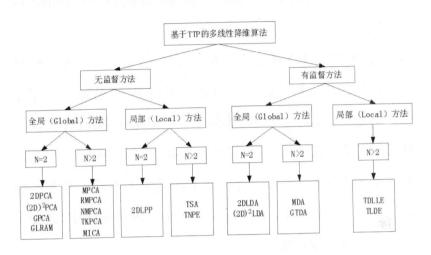

图 1.5　基于 TTP 的多线性特征提取算法

　　在本书中,涉及的张量型算法都集中在基于 TTP 的有监
督和无监督的全局优化算法上,由图 1.5 可看出,不受阶次限
制的张量型全局算法主要集中在 MPCA 和 MDA 及其相关算
法上。其中,MPCA 的优越性在于,与 PCA 相比,除了避免了向
量型算法处理张量数据面临的普遍问题以外,MPCA 通过 TTP
投影变换,以使投影后数据的方差最大化为优化准则,将张量
数据由高维空间投影到低维空间,从而利用了数据的内部结
构信息,降低了数据的计算量和复杂度,在多个数据库上取得
了不错的降维效果。而 LDA 的张量扩展 MDA 同样也是基于
TTP 投影的多线性子空间算法,它的优化方向是使离散度之

商最大化。作为有监督算法,MDA 利用了样本内的判别信息,取得了比 MPCA 更好的降维效果。然而在一些数据维数很大而训练样本较少的情况下,MDA 也面临着同 LDA 一样的小样本问题。

受 PCA + LDA 算法的启发,一些学者采用 MPCA + MDA 的多线性特征提取算法对张量数据进行降维,从而避免了小样本问题,取得了更好的降维效果[44]。但是同 2DLDA 算法一样,MDA 是不收敛的,它的最终结果具有一定的随机性[35],这就给采用 MDA 相关算法的识别系统带来了不确定性和不稳定性。在一些对识别率有严格要求的模式识别系统中,这种不稳定性是应尽量避免。

另一种常用的多线性子空间投影方法为张量 – 矢量投影,记为 TVP。张量 – 矢量的多线性投影是指将样本由张量空间投影到矢量空间的多线性映射过程[33],该 TVP 过程是由多个张量到标量的投影所组成的。

基于 TVP 的多线性子空间降维算法主要集中在对经典 PCA 和 LDA 算法的张量型扩展上。其中,基于 TVP 的不相关多线性主成分分析(Uncorrelated Multilinear Principal Analysis,UMPCA)[45] 和不相关多线性判别分析(Uncorrelated Multilinear Discriminant Analysis,UMDA)[46] 分别采用 PCA 和 LDA 原理进行优化并通过局部迭代优化方法来求解基本映射向量。其中,UMPCA 通过使方差最大化的优化准则对各个投影向量迭代求解,同时约束张量秩 1 投影上的各特征不相关,同 PCA 相比,显著减少了所需计算的参数数目,并在一定程度上降低了过拟合的风险。与 UMPCA 相似,UMLDA 通过 TVP 投影将 LDA 扩展到张量模式,优化离散度之商并约束张量秩 1 投影上的各特征不相关。Lu H 等[47] 对 UMLDA 进行了进一步改进,得到正则化 UMLDA 和聚合的正则化 UMLDA。由于基于 TVP 的张量算法不是本书研究的重点,在此就不再过多展开。

1.3.3　基于张量数据的分类器

与张量型降维算法的快速发展和不断创新相比,基于张量数据的分类算法发展相对缓慢。除了不受样本阶次限制的最近邻分类器以外,张量型分类器主要集中在对 SVM 和线性回归分析的多线性扩展上。其中基于秩 1 分解的支持张量机(Support Tensor Machine,STM)算法[48] 就是 SVM 的张量型扩展。考虑到 STM 仅使用了一组左投影矢量和一组右投影矢量,Hou C 等[49] 提出了一种基于多秩映射的矩阵分类器,即多秩多线性支持向量机(Multiple Rank Multi - Linear SVM,MRMLSVM)。同时,Kotsia I 等[50] 对 STM 进行进一步的改进,提出了高阶支持张量机(higher rank Support Tensor Machines,STMs)和高秩相对边缘支持张量机(higher rank Relative Margin Support Tensor Machines,RMSTMs)。采用多秩分解来代替在张量型分类算法中常用的秩 1 分解是一种不错的改进,通过调整算法中可计算参数的数目,在保留了张量型算法优势的同时又增加了算法的自由度,避免了采用秩 1 分解时由于可调变量太少引起的拟合误差太大的问题。只是 MRMLSVM 算法只适用于二阶张量,可以对其进一步研究,以满足更高阶次数据的分类需求。

一维线性回归方法(one - dimensional Regression methods,1DREG)作为分类器在很多领域中得到应用[1],因此,对 1DREG 的张量型扩展也在不断研究中。广义双线性回归(Generalised Bilinear Regression,GBR)[51] 采用类似于 2DLDA 的方法,将一维线性回归模型扩展到二维,但该方法并没有应用于对矩阵数据进行分类的实验中。Zhao Q[52] 利用多线性奇异值分解(Multilinear Singular Value Decomposition,MSVD)提出了多线性子空间回归模型(Multilinear subspace regression)。同 MRMLSVM 扩展原理相似,多秩回归模型(Multiple Rank Regression model,MRR)[53] 采用两组左、右投影向量,将 1DREG 扩展到二维矩阵数据分类领域。Guo W 等[54] 通过分别采用平方损失函数(the square loss function)和 ∈ 不敏感损失函数(the ∈ - insensitive loss functions)的高秩张量岭回归(higher rank Tensor Ridge Regression,TRR)算法和高秩支持张量回归(higher rank Support Tensor Regression,STR)算法,成功地将 1DREG 扩展到张量领域。同 MRMLSVM 算法一样,基于线性回归和多秩分

解的 MRR 也只适用于二阶数据,可以对其进行进一步的优化,使其摆脱阶数上的限制。

除了以上所介绍到的 SVM 和 1DREG 的张量扩展型算法以外,Ma Z 等[55] 提出了一种半监督二阶矩阵分类算法,另外 Rövid A 等[56] 提出了一种基于张量形式的神经网络表示方法,但该方法只停留在模型构建阶段,并没有进行具体的算法推导和实验分析。而 Lu J 等[57] 采用一种具有随机权重的前置神经网络模型,将其扩展到二维分类应用领域,命名为二维随机权重神经网络(Two – Dimensional Neural Network with Random Weights,2D – NNRW)。神经网络相关的各种分类算法适应性强,在不同应用领域都有着不错的效果,但是大多具有复杂的非线性结构,需要优化的参数众多,计算缓慢,从而给神经网络分类算法的张量化扩展带来了很大困难。对于结构简单、计算速度快、收敛快、参数少的神经网络,在张量型算法的研究中可以对其进行张量化改进的尝试。

总之,学者们对于基于张量数据的分类算法也做了很多的研究,但是相对于张量型降维算法的发展,张量型分类器还有很大的进步空间。

1.3.4　张量型算法与向量型算法比较

传统向量型算法可看作张量型算法在阶数为 1 时的特

例,相对于向量型算法,张量型算法具有很大的优势。首先,由于张量型算法的输入数据形式为数据的原始结构,无须进行向量化,从而保留了数据的内部结构信息,为后续的特征提取和分类运算打下良好的基础。其次,对于同样大小的处理对象,张量型算法所需要计算的参量相比于向量型大大减少。以三阶张量 $x \in \Re^{I_1 \times I_2 \times I_3}$ 为例,若将其转化为向量,则会有 $I_1 \times I_2 \times I_3$ 个参数需要计算,而采用多线性子空间算法的话,需要计算的参数数量则为 $I_1 + I_2 + I_3$。并且,由于张量型算法只需要少量参数,在小样本情况下,可以减少算法的过拟合风险[58]。总之,由于张量型算法充分利用了原始数据的内部结构和相关性,往往具有更好的约简和分类效果。表 1.1 中列出了向量型算法和张量型算法在计算量、小样本问题、适用范围和计算求解过程等方面的详细比较。其中向量型算法存在解析解指的是,这类算法具有完备的求解过程,能够求解出唯一解。而对于张量型算法,以多线性子空间算法为例,不论是基于 TTP 投影还是 TVP 投影,都无法同时求出张量所有阶次对应的投影矩阵或向量,只能通过局部优化的方法,多次迭代计算至达到循环结束条件,最终输出次优解。

表 1.1　向量型和张量型算法的分析比较

向量型算法	张量型算法
破坏数据的自然结构和相关性	利用数据的自然结构和相关性
维数高,计算和存储量大	减少计算量和存储量
容易导致小样本问题	减少小样本问题
难以处理大规模数据	能够处理大规模数据
需要计算的参数多,易过拟合	需要计算的参数少,易欠拟合
存在解析解,可直接求出解	只有次优解,迭代求解

1.4　实验数据库

　　本书中所提出的张量型特征提取和分类算法将在人脸、步态和数字数据库中检验其有效性,实验中用到的数据库如下。

　　含有 400 张灰度人脸图像的 ORL 人脸数据库由剑桥大学 AT&T 实验室创建,该数据库的图像来自于 40 个人,每人有 10 张不同光照条件、不同表情(笑或不笑)、佩戴不同饰物(戴或不戴眼镜)、适量旋转和缩放的正面人脸图像。每幅图像包含 92×112 个像素,ORL 数据库中部分图像如图 1.6 所示。

图 1.6　ORL 人脸数据库部分图像

FERET 人脸数据库[59] 包含有 14126 张灰度人脸图像,分属于 1199 类,该数据库被广泛应用于评价人脸识别算法的性能。本书中采用的 FERET 人脸数据库为包含 1400 张图像的子库,共分为 200 个类,每类含有 7 张大小为 80×80 的人脸灰度图像。图 1.7 给出了 FERET 子库中分属于 2 类的 14 张图像样本。

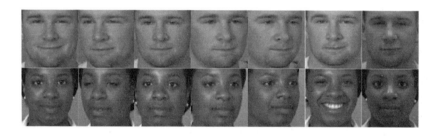

图 1.7　FERET 人脸数据库部分图像

彩色人脸 AR 数据库[60] 含有来自 126 个人的 4000 余张彩色人脸图像。本书中选用含有分属于 100 个人(50 个男人和 50 个女人)的 1400 张图像作为测试子库。这些图像含有不同面部表情(睁眼或闭眼、笑或不笑、张嘴或闭嘴)和不同遮挡(戴眼镜或不戴眼镜、戴围巾或不戴围巾),并且没有限制被拍摄对象的穿着、发型、妆容等。彩色人脸图像可看做三阶张量数据,所有被测彩色图像被裁剪成含有 $54 \times 40 \times 3$ 像素的张量。

图 1.8 给出了来自于同一人的 14 张彩色人脸正面图像。

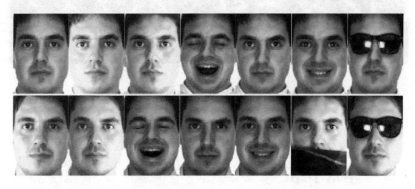

图 1.8　AR 数据库中来自同一人的样本图像

步态是指人行走时的姿态,是一个复杂的时空相关的生物信息系统,而步态识别研究是根据不同人的行走步姿态来进行身份识别。本书选用的步态数据库是来自于南佛罗里达大学发布的 HumanID 步态数据库(V.1.7)[61] 的子库。该子库包含有来自 71 个人的 731 张步态样本,大小被裁减为 32 × 22 × 10。其中,该步态库中的一段序列如图 1.4 所示。

灰度数字库是指包含了 0 ~ 9 这 10 类阿拉伯数字的灰度图像的数据库。其中 Usps 数字库含有 2000 个大小为 16 × 16 的数字图像,每类包含 20 个样本。采用的数字库 Mnist 中的子库含有 2000 个大小为 28 × 28 的数字图像,每类也包含 20 个样本。在图 1.9 中显示了这两个数字库中的各类样本图像,其中第一行是 Usps 库中的图像,第二行是 Mnist 库中的图像。

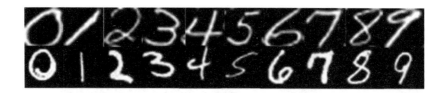

图 1.9　Usps 与 Mnist 库中样本图像

1.5　本章小结

　　本章介绍了本书的研究背景和意义,分析了特征提取和分类算法在模式识别系统中的作用和地位,描述了高维高阶数据的张量形式的表示,阐述了当前张量型特征提取和分类算法的研究现状和存在的一些问题,介绍了后续实验中所用的数据库以及全文的主要内容和章节安排。

2

相关理论基础

第 2 章 　 相关理论基础

本书的主要研究成果为提出基于 MPCA + GTDA 的张量型特征提取方法,将传统向量型分类算法 ELM 和 1DREG 扩展到张量应用领域。因此,本章将分别介绍相关张量和向量型算法的理论基础知识。首先第一部分先详细介绍张量的符号表示、基本运算和分解方法,以及 TTP、TVP 投影计算过程。第二部分则介绍与本书密切相关的 PCA、LDA、MSD、ELM 和 1DREG 向量型算法理论。

2.1 　 张量理论

从本质上来说,张量可看作是多维数组。区分向量与张量的特征在于表示它们的指标个数,即张量的阶次。向量可看作一阶张量,矩阵可看作二阶张量,立体矩阵可看作三阶张量,三阶和更高阶张量统称为高阶张量。张量的阶次也被称为张量的模式,N 阶张量可沿其第 n 模展开,得到 n 模矩阵。

2.1.1　张量的符号表示与展开

依据文献[62][63]中对于张量代数的符号定义方法,本书中采用斜体小写字母表示标量,如 a;加黑小写字母表示向量,如 $\mathbf{x}$;加黑大写字母表示向量,如 $\mathbf{U}$;手写字母表示张量,如 $\mathcal{A}$。一个 N 阶张量可表示为 $\mathcal{A} \in \mathfrak{R}^{I_1 \times I_2 \times \cdots \times I_N}$,其中 N 为张量阶数,I_n 表示张量第 n 阶的大小,且 $n = 1, \cdots, N$。张量中的某个元素可表示为 $\mathcal{A}_{i_1 i_2 \cdots i_N}$,且 $1 \leq i_n \leq I_n$。

张量 $\mathcal{A} \in \mathfrak{R}^{I_1 \times I_2 \times \cdots \times I_N}$ 可以沿任意阶展开为一矩阵,将张量展开为矩阵有利于从二维的角度来观察张量。张量 $\mathcal{A}$ 沿第 n 阶展开的具体过程是:保持张量元素中脚标为 i_n 的不变,其他元素依次排列,即:

$$\mathbf{A}_{(n)} \in \mathfrak{R}^{I_n \times (I_1 \times \cdots \times I_{n-1} \times I_{n+1} \times \cdots \times I_N)} \tag{2.1}$$

图 2.1(a) - (e) 给出了 - 3 阶张量 $\mathcal{A} \in \mathfrak{R}^{3 \times 4 \times 3}$ 的示意图,它的 1 阶(1 模)展开为一组列向量,如图 2.1(b) 所示;2 阶(2 模)展开为一组行向量,如图 2.1(c) 所示;3 阶(3 模)展开为一组纵深向量,如图 2.1(d) 所示;以及 $\mathcal{A}$ 的 1 模展开矩阵 $\mathcal{A}_{(1)}$,如图 2.1(e) 所示。

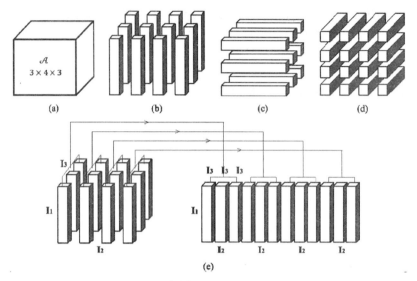

（a）一张量 $\mathcal{A} \in \mathfrak{R}^{3\times4\times3}$，（b）1 模展开，（c）2 模展开，

（d）3 模展开，（e）张量的 1 模展开矩阵 $\mathbf{A}_{(1)}$

图 2.1　张量沿各模式展开示意图

2.1.2　张量的基本运算

张量 $A \in \mathfrak{R}^{I_1 \times I_2 \times \cdots \times I_N}$ 与矩阵 $\mathbf{U} \in J^{I_n \times I_n}$ 的 n 模乘积 $\mathcal{A} \times_n \mathbf{U}$，结果是大小为 $I_1 \times \cdots \times I_{n-1} \times J_n \times I_{n+1} \times \cdots \times I_N$ 的张量，表示为：

$$(\mathcal{A} \times_n \mathbf{U})(i_1,\cdots,i_{n-1},j_n,i_{n+1},\cdots,i_N) = \sum_{i_n} \mathcal{A}(i_1,i_2,\cdots,i_N) \cdot \mathbf{U}(j_n,i_n) \tag{2.2}$$

图 2.2 中，一个 3 阶张量 $\mathcal{A} \in \mathfrak{R}^{9\times7\times4}$ 同矩阵 $\mathbf{B} \in \mathfrak{R}^{4\times9}$ 的 1

模乘积结果为 $\mathcal{A} \times_1 \mathbf{B} \in \mathfrak{R}^{4 \times 7 \times 4}$。而张量 $\mathcal{A}$ 还可以同一组矩阵 $\{\mathbf{U}^{(n)} \in \mathfrak{R}^{J_n \times I_n}, n = 1, \cdots, N\}$ 相乘，计算每一模的乘积，表示为：

$$\mathcal{X} \times_1 \mathbf{U}^{(1)} \times_2 \mathbf{U}^{(2)} \times_N \mathbf{U}^{(N)} = \mathcal{X} \prod_{n=1}^{N} \times_n \mathbf{U}^{(n)} \tag{2.3}$$

两个张量 $\mathcal{A}, \mathcal{B} \in \mathfrak{R}^{I_1 \times I_2 \times \cdots \times I_N})$ 的内积定义为：

$$\langle A, B \rangle = \sum_{i1} \cdots \sum_{iN} \mathcal{A}(i_1, i_2, \cdots, i_N) \cdot \mathcal{B}(i_1, i_2, \cdots, i_N) \tag{2.4}$$

张量 $\mathcal{A}$ 的范数表示为：

$$\| \mathcal{A} \|_F^2 = \sqrt{\langle \mathcal{A}, \mathcal{A} \rangle} = \| \mathbf{A}_{(n)} \|_F^2 = \| \mathbf{A}_{(n)} \mathbf{A}_{(n)}^T \|_F^2$$

$$= \sqrt{\sum_{i=1}^{I_1} \sum_{i_2=1}^{I_2} \cdots \sum_{i_N=1}^{I_N} a_{i_1 i_2 \cdots i_N}^2}$$

两个 N 阶张量 $\mathcal{A}, \mathcal{B} \in \mathfrak{R}^{I_1 \times I_2 \times \cdots \times I_N}$ 之间的距离表示为：

$$dist(\mathcal{A}, \mathcal{B}) = \| \mathcal{A} - \mathcal{B} \|_F^2 \tag{2,6}$$

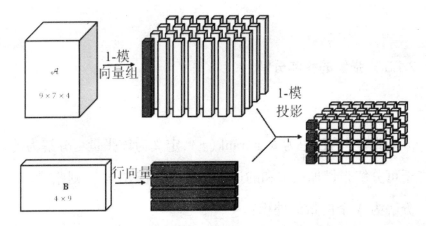

图 2.2　张量与矩阵的 n 模乘积

两个矩阵 $\mathbf{A} \in \mathfrak{R}^{I \times J}, \mathbf{B} \in \mathfrak{R}^{K \times L}$ 的克罗内克积(Kronecker Product) 表达式为 $\mathbf{A} \otimes \mathbf{B}$,结果是大小为 $(IK) \times (JL)$ 的矩阵:

$$
\mathbf{A} \otimes \mathbf{B} = \begin{bmatrix} a_{11}\mathbf{B} & a_{12}B & \cdots & a_{1J}\mathbf{B} \\ a_{21}\mathbf{B} & a_{22}\mathbf{B} & \cdots & a_{2J}\mathbf{B} \\ \vdots & \vdots & \vdots & \vdots \\ a_{I1}\mathbf{B} & a_{I2}\mathbf{B} & \cdots & a_{IJ}\mathbf{B} \end{bmatrix}
$$

$$
= \begin{bmatrix} \mathbf{a}_1^1 \otimes \mathbf{b}_1 \mathbf{a}_1 \otimes \mathbf{b}_2 \mathbf{a}_1 \otimes \mathbf{b}_3 \cdots \mathbf{a}_J \otimes \mathbf{b}_{L-1} \mathbf{a}_J \otimes \mathbf{b}_L \end{bmatrix} \tag{2.7}
$$

两矩阵 $\mathbf{A} \in \mathfrak{R}^{I \times K}, \mathbf{B} \in \mathfrak{R}^{K \times L}$ 的 Khatri $-$ Rao 积记为:

$$
\mathbf{A} \odot \mathbf{B} = \begin{bmatrix} \mathbf{a}_1 \otimes \mathbf{b}_1 \mathbf{a}_2 \otimes \mathbf{b}_2 \cdots \mathbf{a}_K \otimes \mathbf{b}_K \end{bmatrix} \in \mathbb{R}^{(IJ) \times K} \tag{2.8}
$$

N 个向量 $\mathbf{a}^{(n)} \in \mathfrak{R}^{I_n \times 1}, i = 1, \cdots, N$ 的外积记为 $\mathbf{a}^{(1)} \cdot \mathbf{a}^{(2)} \cdot \cdots \cdot \mathbf{a}^{(N)}$,结果为 $-N$ 阶张量,即:

$$
\mathcal{A} = \mathbf{a}^{(1)} \cdot \mathbf{a}^{(2)} \cdot \cdots \cdot \mathbf{a}^{(N)} \in \mathfrak{R}^{I_1 \times I_2 \times \cdots \times I_N} \tag{2.9}
$$

2.1.3 张量的秩和分解

张量 $\mathcal{A}$ 的秩记为 $R = \operatorname{rank}(\mathcal{A})$,定义为该张量可分解为若干可分解张量加权求和的最少个数[64]。若 $R = 1$,则张量 $\mathcal{A}$ 可分解为 N 个向量的外积:

$$
\mathcal{A} = \mathbf{a}^{(1)} \cdot \mathbf{a}^{(2)} \cdot \cdots \mathbf{a}^{(N)} \tag{2.10}
$$

其中 $\mathbf{a}^{(n)} \in \mathfrak{R}^{I_n \times 1}$,则有 $a_{(i_1 i_2 \cdots i_n)} = a_{i_1}^{(1)} a_{i_2}^{(2)} \cdots a_{i_n}^{(n)}$,$\mathcal{A}$ 称为秩

1 张量[65]。如果张量 $\mathcal{A}$ 是秩为 R 的 N 阶张量,则可以表示成:

$$\mathcal{A} = \sum_{r=1}^{R} \mathbf{a}_r^{(1)} \cdot \mathbf{a}_r^{(2)} \cdot \cdots \cdot \mathbf{a}_r^{(N)} \tag{2.11}$$

并且根据文献[48] 中的推导,两个张量 $x, y \in R^{I_1 \times I_2 \times \cdots \times I_N}$ 的内积,满足等式:

$$\langle x, y \rangle = Tr(\mathbf{X}_{(n)} \mathbf{Y}_{(n)}^T) = Tr(\mathbf{Y}_{(n)}^T \mathbf{X}_{(n)}) =$$
$$Vec(\mathbf{Y}_{(n)})^T Vec(\mathbf{X}_{(n)}) \tag{2.12}$$

其中,$Tr(\cdot)$ 和 $Vec(\cdot)$ 分别为矩阵的迹和向量化运算符。

张量的 CP(CANDECOMP/PARAFAC) 分解是将张量分解为若干个秩 1 张量的和的形式,即:

$$\mathcal{A} \approx \sum_{r=1}^{R} \mathbf{u}_r^{(1)} \cdot \mathbf{u}_r^{(2)} \cdot \cdots \cdot \mathbf{u}_r^{(N)} = [\mathbf{U}^{(1)}, \mathbf{U}^{(2)}, \cdots, \mathbf{U}^{(N)}] \tag{2.13}$$

其中 $\mathbf{u}_r^{(n)} \in \mathfrak{R}^{I_n}$,矩阵 $\mathbf{U}^{(n)} = [u_1^{(n)}, u_2^{(n)}, \cdots, u_R^{(n)}]$,$n = 1, \cdots, N, r = 1, \cdots, R$。并且张量 $\mathcal{A}$ 的 n 模展开矩阵可表示为:

$$\mathbf{A}_{(n)} = \mathbf{U}^{(n)} (\mathbf{U}^{(N)} \odot \cdots \odot \mathbf{U}^{(n+1)} \odot \mathbf{U}^{(n-1)} \odot \cdots \odot \mathbf{U}^{(1)})^T =$$
$$\mathbf{U}^{(n)} (\mathbf{U}^{(-n)})^T \tag{2.14}$$

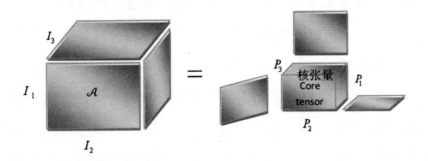

图 2.3　三阶张量的 *Tucker* 分解图

另一种常用的张量分解是 Tucker 分解，又称高阶奇异值分解（HOSVD），它是张量与矩阵的多模乘积的一种有效表示，是 SVD 概念的多线性推广。Tucker 分解指的是将一张量分解成核张量（core tensor）沿着每一模与矩阵相乘的形式。设 N 阶张量 $\mathcal{A} \in \mathfrak{R}^{I_1 \times I_2 \times \cdots \times I_N}$，则它的 Tucker 分解表示为：

$$\mathcal{A} = \mathcal{S} \times_1 \mathbf{U}^{(1)} \times_2 \mathbf{U}^{(2)} \cdots \times_N \mathbf{U}^{(N)} \tag{2.15}$$

其中，张量 $\mathcal{S} \in \mathfrak{R}^{P_1 \times P_2 \times \cdots \times P_N}(P_n < I_n)$ 称为核张量，$\mathbf{U}^{(n)} = \left[\mathbf{u}_1^{(n)} \mathbf{u}_2^{(n)} \cdots \mathbf{u}_{P_n}^{(n)} \right] \in \mathfrak{R}^{I_n \times P_n}$。三阶张量 $\mathcal{A} \in \mathfrak{R}^{I_1 \times I_2 \times I_3}$ 的 Tucker 分解示意图如图 2.3 所示。

2.1.4 张量 - 张量投影与张量 - 矢量投影

在 1.3 节中介绍的张量型特征提取和分类算法，大多是基于张量 - 张量投影（TTP）和张量 - 矢量投影（TVP），将一维向量型算法扩展到张量模式。在本节中将分别介绍 TTP 和 TVP 的计算方法，为其他向量型算法的改进提供数学依据。

张量 - 张量投影即为一个张量经过某个多线性优化准则，投影到另一个相同阶次张量的过程。设 N 阶张量，$\mathcal{X} \in \mathfrak{R}^{I_1 \times I_2 \times \cdots \times I_N}$，其中 $I_n(n = 1, \cdots, N)$ 为 $\mathcal{X}$ 第 n 阶的维数。通过 TTP 将张量 $\mathcal{X}$ 投影到另一阶次相同张量 $\mathcal{Y} \in \mathfrak{R}^{P_1 \times P_2 \times \cdots \times P_N}$，并且满足 $P_n \leqslant I_n$，则需要基于某个优化准则寻求 N 个投影矩阵 $\{\mathbf{U}^{(n)} \in$

$\Re^{I_n \times P_n}, n = 1, \cdots, N \}$。该投影变换可表示为：

$$\mathcal{Y} = \mathcal{X} \times_1 \mathbf{U}^{(1)^T} \times_2 \mathbf{U}^{(2)^T} \cdots \times_N \mathbf{U}^{(N)^T} \tag{2.16}$$

图 2.4 给出了 3 阶张量 $\mathcal{A} \in \Re^{9 \times 7 \times 4}$ 投影到大小为 $P_1 \times P_2 \times P_3$ 更小张量的示意图。

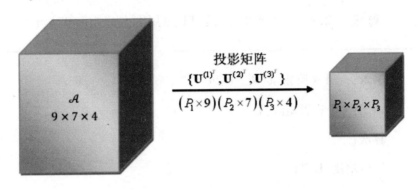

图 2.4　张量 - 张量投影示例

在前文提到的 MPCA、MDA、GTDA 等都是基于 TTP 的多线性降维算法，由于无法同时求解 N 个投影矩阵 $\{\mathbf{U}^{(n)}\}|_{n=1}^N$，需要采用交替局部投影（Alternating Partial Projections，APP）[66] 迭代求解过程，经过 N 次迭代，将 $\{\mathbf{U}^{(n)}\}$ 逐个求解。

具体求解过程是：假设张量 - 张量投影过程的初始化条件、收敛性、截止条件等多线性子空间分析所需的先决条件都已确定，通过 N 次循环计算，n 模对应的投影矩阵 $\mathbf{U}^{(n)}$ 由其他模投影矩阵 $\{\mathbf{U}^{(j)}, j \neq n\}$ 根据下式计算得到：

$$\hat{\mathcal{Y}}^{(n)} = \mathcal{X} \times_1 \mathbf{U}^{(1)T} \times_2 \mathbf{U}^{(2)T} \cdots \times \cdots_{(n-1)} \mathbf{U}^{(n-1)T}$$
$$\times_{(n+1)} \mathbf{U}^{(n+1)T} \cdots \times_N \mathbf{U}^{(N)T} \tag{2.17}$$

基于某个优化准则对目标张量 $\hat{\mathcal{Y}}^{(n)}$ 计算，即可求解 n 模

对应的投影矩阵 $\mathbf{U}^{(n)}$，重复以上过程直到收敛或者达到最高重复次数，则 N 个投影矩阵 $\{\mathbf{U}^{(n)}\}\mid_{n=1}^{N}$ 最终值确定[67]。典型的基于 TTP 的多线性子空间算法流程如算法 2.1 所示：

算法 2.1：一种典型的基于 TTP 的多线性子空间算法流程

输入：一组 N 阶张量 $\{\mathcal{X}_m \in \mathfrak{R}^{I_1 \times I_2 \times \cdots \times I_N}, m = 1, \cdots, M\}$

输出：N 个投影矩阵 $\{\mathbf{U}^{(n)} \in \mathfrak{R}^{I_n \times P_n}, (P_n < I_n, n = 1, 2, \cdots, N)\}$

算法：

1：初始化 $\{\mathbf{U}^{(n)}\}$

2：局部寻优迭代计算

for $k = 1$ to K do（K 为设定的最高循环次数）

    for $n = 1$ to N do（N 为张量样本的阶数）for $m = 1$ to M do（M 为张量样本数量）

        （1）计算公式(2.17)，得到输入张量的 n 模局部多线性投影目标张量；

        （2）计算求取目标张量的 n 模展开矩阵 $\mathcal{Y}_m^{(n)}$。

      end for

      基于某优化准则，通过 $\mathcal{Y}_m^{(n)}$ 计算 n 模、对应的投影矩阵 $\mathbf{U}^{(n)}$。

    end for

    如果达到收敛条件或者最高循环次数 K，跳出循环并输出当前投影矩阵 $\{\mathbf{U}^{(n)}\}$。

    end for

张量 – 矢量的多线性投影是指将样本由张量空间投影到矢量空间的多线性映射过程[33]。该 TVP 过程是由多个张量到标量的投影所组成的,如图 2.5 所示。

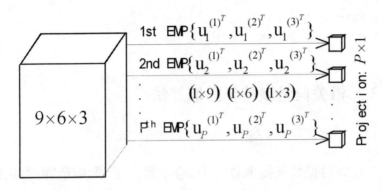

图 2.5　张量 – 矢量投影

图 2.5 中,张量 $\mathcal{A} = \mathfrak{R}^{9 \times 6 \times 3}$ 投影到 $P \times 1$ 的矢量,该过程包含 P 个由张量到标量的投影, 称 为基本多线性投影(Elementary Multilinear Projection,EMP)[67]。

EMP 可表示为张量 $\mathcal{X} \in \mathfrak{R}^{I_1 \times I_2 \times \cdots \times I_N}$ 通过 N 个基本映射向量 $\{ \mathbf{u}^{(1)T}, \mathbf{u}^{(2)T}, \cdots, \mathbf{u}^{(N)T} \}$,把张量 $\mathcal{X}$ 映射到点 y 上,即:

$$y = \mathcal{X} \times_1 \mathbf{u}^{(1)T} \times_2 \mathbf{u}^{(2)T} \times \cdots \times_N \mathbf{u}^{(N)T} \tag{2.18}$$

其中, $\| \mathbf{u}^{(n)} \| = 1, n = 1, \cdots, N$。由于整个 TVP 过程包含有 P 个 EMP 过程,从而使张量 $\mathcal{X}$ 投影到 $P \times 1$ 的矢量,可表示为:

$$\mathbf{y} = \mathcal{X} \times_{n=1}^{N} \{ u_p^{(n)T}, n = 1, \cdots, N \}_{p=1}^{P} \tag{2.19}$$

其中,矢量 $\mathbf{y}$ 的第 p 个值 $\mathbf{y}(p)$ 通过第 p 个 EMP 得到:

$$\mathbf{y}(p) = \mathcal{X} \times_1 \mathbf{u}_p^{(1)T} \times_2 \mathbf{u}_p^{(2)T} \times \cdots \times_N \mathbf{u}_p^{(N)T} \tag{2.20}$$

基于 TVP 的多线性子空间降维算法遵循各自的优化原理,并通过 APP 方法来求解基本映射向量 $\{\mathbf{u}_p^{(n)T}, n = 1, \cdots, N,$ $p = 1, \cdots, p\}$。

2.2　相关向量型特征提取算法

在向量型特征提取算法中,应用最广泛、影响最深远的无外乎 PCA 和 LDA,在本书中提到的张量型特征提取方法也与二者有关。因此,在 2.2.1 节和 2.2.2 节中对这两种算法的原理进行简要的介绍。

2.2.1　PCA算法

主成分分析算法(PCA)是无监督特征提取线性子空间算法,在模式识别领域得到广泛应用。从概率学观点来看,如果一个随机变量的方差越大,则该变量所含信息量越大。而所谓主成分是由输入数据所含变量线性组合后得到的新变量,其中方差最大的新变量称为第一主成分,其他主成分按照方差由大到小依次排列,方差的排列顺序同方差特征值大小的排列顺序一致,并且各主成分间相互正交,互不相关。PCA 算法的具体计算过程如下。

设输入为 M 个向量样本数据 $\{\mathbf{x}_1, \mathbf{x}_2, \cdots, \mathbf{x}_M\}$ 中,其中 $\mathbf{x}_m \in \Re^I, m = 1, \cdots, M$. 样本集总的协方差矩阵定义为:

$$S_T = \sum_{m=1}^{M} (\mathbf{x}_m - \bar{\mathbf{x}})(\mathbf{x}_m - \bar{\mathbf{x}})^T \qquad (2.21)$$

其中 $\bar{\mathbf{x}} = \dfrac{1}{M} \sum_{m=1}^{M} \mathbf{x}_m$ 是所有样本的平均向量,协方差矩阵表示了各样本向量之间的相关性。在 PCA 算法中,是要将中心化后的样本 $\{\mathbf{x}_m - \bar{\mathbf{x}}\}$ 投影到低维向量 $\{\mathbf{y}_m \in \Re^P\}(P < 1)$ 上,该过程需要求取投影矩阵 $\mathbf{U} \times \Re^{I \times P}$,即:

$$\mathbf{y}_m = \mathbf{U}^T (\mathbf{x}_m - \bar{\mathbf{x}}) \qquad (2.22)$$

对总的协方差矩阵 S_T 进行特征分解,得到 M 个由大到小排列的特征值 $\{\lambda_1, \lambda_2, \cdots, \lambda_M\}$,这些特征值对应的特征向量表示为 $\{\mathbf{u}_1, \mathbf{u}_2, \cdots, \mathbf{u}_M\}$。按照一定合适比例取 P 个特征值对应的特征向量组成投影矩阵 $\mathbf{U} = \{\mathbf{u}_1, \mathbf{u}_2, \cdots, \mathbf{u}_P\}$。其中,$P$ 值根据所设定比例 η 确定:

$$P = \arg\min \frac{\sum_{m=1}^{P} \lambda_m}{\sum_{m=1}^{M} \lambda_m} > \frac{\eta}{100} \qquad (2.23)$$

在传统 PCA 算法上,针对二阶和高阶样本,主成分分析的扩展方法,2DPCA,$(2D)^2$PCA,MPCA 和 UMPCA 等可用来处理张量数据。

2.2.2 LDA 和 MSD 算法

线性判别分析（LDA）算法是经典的有监督线性降维算法，也称为 Fisher 线性判别分析。PCA 从总体提取样本的特征，是为了更好地表示原样本，而 LDA 是寻求样本的最佳判别特征，更好地对样本进行区分。LDA 的基本思想是：以使分属不同类样本间的可分离性最大化为目标，求取一组线性变量，使得属于同一类的样本尽可能汇集，而不同类的样本尽可能分开，也就是使样本沿着类间离散度最大，类内离散度最小的方向投影。具体算法步骤如下。

设输入为 M 个向量数据 $\{\mathbf{x}_1, \mathbf{x}_2, \cdots, \mathbf{x}_M\}$，其中 $\mathbf{x}_m \in \Re^I$，$m = 1, \cdots, M$，分别属于 C 个不同的类别。定义类内离散矩阵 S_W 为：

$$S_W = \sum_{m=1}^{M} (\mathbf{x}_m - \bar{\mathbf{x}}_c)(\mathbf{x}_m - \bar{\mathbf{x}}_c)^T \qquad (2.24)$$

其中，c 是训练样本 $\mathbf{x}_m$ 所属类别，该类别包含的样本数为 M_c，而 $\bar{\mathbf{x}}_c$ 则是该类别所有样本的平均向量，记为 $\bar{\mathbf{x}}_c = \frac{1}{M_c} \sum_{m,c} \mathbf{x}_m$。另外，类间离散矩阵定义为：

$$\mathbf{S}_B = \sum_{c=1}^{c} M_c (\bar{\mathbf{x}}_c - \bar{\mathbf{x}})(\bar{\mathbf{x}}_c - \bar{\mathbf{x}})^T \qquad (2.25)$$

通过计算得到合适的投影矩阵 $\mathbf{U}$，而投影后的子空间的类内离散矩阵和类间离散矩阵分别表示为：

$$S_{WY} = \mathbf{U}^T S_W \mathbf{U}, S_{BY} = \mathbf{U}^T S_B \mathbf{U} \tag{2.26}$$

为了寻求最大鉴别特征，需得到使 S_{BY} 最大且 S_{WY} 最小的投影矩阵 $\mathbf{U}_{LDA}$，即满足经典的 Fisher 准则：

$$\mathbf{U}_{LDA} = \arg\max_{\mathbf{u}} \frac{|S_{BY}|}{|S_{WY}|} = \arg\max_{\mathbf{u}} \frac{\mathbf{U}^T S_B \mathbf{U}}{\mathbf{U}^T S_W \mathbf{U}} = \{\mathbf{u}_1, \mathbf{u}_2, \cdots,$$

$$\mathbf{u}_M\} \tag{2.27}$$

其中，$\{\mathbf{u}_p\}_{p=1}^P$ 是对矩阵 $S_W^{-1} S_B$ 进行特征分解，取得的前 P 个最大特征值对应的特征分量。

在传统 LDA 算法上，针对二阶和高阶样本，线性判别分析的方法也推广到了 2DLDA,$(2D)^2$LDA,MDA 和 UMLDA 等用来处理张量数据的领域。另外，在实际模式识别应用中，以图像为例，由于训练样本的总数往往会小于图像的像素点数，则矩阵 S_W 会成为奇异矩阵，使 S_W 不可逆，S_W^{-1} 不可求，这就是模式识别中常见的小样本问题。为解决小样本问题，人们提出了 PCA + LDA 的求解方法[9]，即首先对样本进行 PCA 变换，将其变换到低维子空间，然后再对其进行 LDA 变换。经过 PCA 降维处理以后的样本，像素点大大减少，再进行 LDA 变换时，避免了小样本问题，保证了 S_W 可逆。

最大散度差算法(MSD) 也是一种线性判别方法，它是为了克服 LDA 算法面临的类内离散矩阵的奇异性问题而提出来的[68]。同 LDA 算法的目标一样，MSD 也是为了寻求能将不同类别样本最大限度分离开的最佳投影方向。不同于 LDA 采用类间与类内离散矩阵比值最大化的优化准则,MSD 采用的是广义散度差,即类间与类内离散矩阵差值最大化的优化准则。MSD 的目标优化函数为:

$$U_{MSD} = \arg\max_{u}(S_{BY} - S_{WY})$$

$$= \arg\max_{u}(U^T S_B U - U^T S_W U) = \{u_1, u_2, \cdots, u_M\}$$

(2.28)

其中,$\{u_p\}_{p=1}^{P}$ 是对矩阵$(S_B - S_W)$进行特征分解,前 P 个最大特征值对应的特征分量。

将 MSD 算法扩展到张量领域,就得到 GTDA 算法。由于 MSD 和 LDA 都是以同类样本尽可能汇集,不同类的样本尽可能分开为优化方向,所以 MSD 和 LDA 在降维上有着相同水平的效果,并且 MSD 计算过程中不需对矩阵求逆,避免了小样本问题。

2.3   极限学习机分类算法

在模式识别应用领域中分类和降维同等重要。常用的分类方法有人工神经网络、支持向量机等,由于支持向量机速度慢,神经网络参数复杂,制约了它们的发展。因为不需要神经元由输出对输入进行大量的反馈工作,前馈神经网络一直是应用最广泛的神经网络算法之一[69]。前馈神经网络的训练过程采用基于梯度的学习算法,然而梯度算法在学习的时候大多比较费时,再加上前馈神经网络的所有参数都需要反复调整,从而造成这种神经网络学习过程复杂而费时。于是,学者们提出了单隐层前馈神经网络模型(Single – hidden Layer Feedforward Networks, SLFNs) 模型。

SLFNs 模型由输入层、隐藏层和输出层构成。输入层负责接收数据和传输数据;隐藏层则是采用某一激活函数,对输入层传递来的数据进行非线性变换;而输出层则将结果线性加权后输出,并和预期结果相比对。SLFNs 的结构如图2.6所示。该类型神经网络的优越性体现在可以很好地拟合复杂的非线性映射,并且针对参数难以确定的问题,提供了良好的数学模型。在 SLFNs 不断发展的基础上,G. B Huang[19] 提出了一种新的单隐层前馈神经网络,命名为极限学习机(ELM)。不同于普通 SLFNs 模型需要调整参数,ELM 并不需要调整输入层权重和隐藏层的偏置参数。确切地说,ELM 网络中,其输入权值和偏置值是随机选取的,而网络的输出层权值也可以通过解析得到,整个求解过程无须迭代,也无须调整参数。可见,ELM 方法的训练过程快速而高效,具有快速的学习能力和良好的泛化能力,很好地满足了一些应用领域对于速度和准确率的双重要求。从 ELM 算法一被提出,就得到了模式识别领域的关注,经过学者们的不断努力,该方法已在函数逼近和模式分类方面得到广泛应用[70][71]。关于 ELM 的具体计算过程如下。

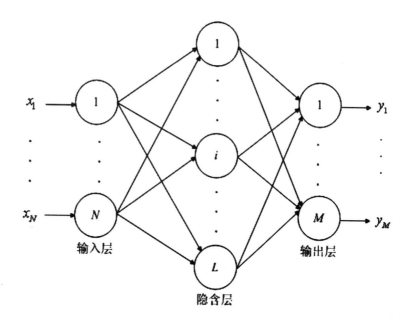

图 2.6　单隐层神经网络结构图

一组 N 个任意不同样本 $(\mathbf{x}_j, \mathbf{t}_j)$，其中各样本 $\mathbf{x}_j = [x_{j1}, x_{j2}, \cdots, x_{jn}]^T \in \mathfrak{R}_n$，$\mathbf{t}_j = [t_{j1}, t_{j2}, \cdots, t_{jm}]^T \in \mathfrak{R}_m$，设隐含层的结点个数为 L，采用的激励函数为 $g(x)$，则标准 SLFNs 的数学模型为：

$$\mathbf{y}_j = \sum_{i=1}^{L} \beta_i g_i(x_j) = \sum_{i=1}^{L} \beta_i g(\mathbf{w}_i^T \cdot \mathbf{x}_j + b_j), j = 1, \cdots, N$$

$$(2.29)$$

其中 $\mathbf{w}_j = [w_{i1}, w_{i2}, \cdots, w_{in}]$ 表示输入层的权重，是连接第 i 个隐含结点和输入结点的权重向量，$\beta_i = [\beta_{i1}, \beta_{i2}, \cdots, \beta_{im}]^T$ 是连接第 i 个隐含结点和输出结点的权重向量，而 b_i 是第 i 个隐含结点的偏置值。

常用的激活函数 $g(x)$ 有：

Sigmoid：

$$g(x) = \frac{1}{(1 + e^{-x})} \qquad (2.30)$$

Sine：

$$g(x) = \sin x \qquad (2.31)$$

Hardlim：

$$g(x) = \begin{cases} 1 & x \geqslant 0 \\ 0 & x < 0 \end{cases} \qquad (2.32)$$

多项式函数：

$$g(x) = 0.1(e^x + x^2\cos x^2 + x^2) \qquad (2.33)$$

设 $\mathbf{x}_j$ 为样本 $\mathbf{t}_j$ 所对应的预期结果,则 ELM 优化的目标函数是使式(2.29)中输出层输出的最终结果 y_j 与预期值 t_j 之间尽可能一致,使误差最小,即：

$$\sum_{i=1}^{L} \beta_i g(\mathbf{x}_{Ti} \cdot \mathbf{x}_j + b_j) = t_j, j = 1,2,\cdots,N \qquad (2.34)$$

根据文献[19]中对 ELM 的计算方法描述可知,随机确定输入层权重 $\mathbf{w}_j$ 和隐含层偏置 b_j 的值,而输出层权重值 β 可通过对隐含层输出矩阵求取广义逆得到：

$$\hat{\beta} = \arg\min_{\beta} \sum_{j=1}^{N} \| \sum_{i=1}^{L} \beta_i g(\mathbf{w}_i^T \cdot \mathbf{x}_j + b_j) - \mathbf{t}_j \| = \arg\min_{\beta} \| H\beta - T \| \qquad (2.35)$$

其中：

$$H = \begin{bmatrix} G(\mathbf{w}_1^T \cdot x_1 + b_1) & \cdots & G(\mathbf{w}_L^T \cdot x_1 + b_L) \\ \vdots & \vdots & \vdots \\ G(\mathbf{w}_1^T \cdot x_N + b_1) & \cdots & G(\mathbf{w}_L^T \cdot x_N + b_L) \end{bmatrix} \qquad (2.36)$$

式(2.36)称为神经网络的隐含层输出矩阵,式(2.35)还可以写成 $\hat{\beta} = H^\uparrow T$ 的形式,其中 $H^\uparrow$ 是矩阵 H 的 Moore – Penrose 广义逆。

ELM 能有效地处理分类问题,计算量小、结构简单、参数计算无须迭代和调整,具有良好的计算速度和泛化能力。在模式识别应用中,ELM 作为分类方法经常和降维方法联用,如双向二维主成分分析(Bidirectional two – Dimensional Principal Component Analysis, B2DPCA) + ELM[70][72]。

2.4 岭回归分类算法

线性回归分类方法(Linear Regression Classifier,LRC)也是一种常用的分类方法[73][74]。线性回归是一种基于统计分析方法,其思想是通过一种线性函数来拟合变量之间的线性关系[75]。线性回归分类方法把归为同一类的样本分布在同一线性子空间,而任一测试样本可以表示成同类样本的线性加权,如果测试样本与某一类的回归偏差最小,则将该测试样本归为这一类。常用的回归方法有岭回归(Ridge Regression,RR)[76]、LASSO 回归[77]、Logistic 回归[78]、弹性网络(Elastic Net) 回归[79] 等。LASSO 回归和岭回归分别是在和范数约束下的最小二乘问题,而弹性网回归则同时引入了和范数。

以一维一元线性回归模型为研究对象,它的目标是从一组输入向量$\mathbf{X} = \{\mathbf{x}_1, \mathbf{x}_2, \cdots, \mathbf{x}_L\}$和其对应的输出向量$\mathbf{y}$之间来确定 $\mathbf{X}$ 和 $\mathbf{y}$ 之间的关系,通过计算出变换矩阵 $\mathbf{W}$,使得$\mathbf{W}^T\mathbf{X}$,近似地等于$\mathbf{y}$,即$\mathbf{y} \sim f(\mathbf{X}) = \mathbf{W}^T\mathbf{X}$。那么最基本的最小二乘回归的方法就是使他们之间的平方差损失函数最小,即:

$$\mathcal{L}(\mathbf{W}) = \sum_l (\mathbf{y}_l - \mathbf{W}^T\mathbf{x}_l)^2 \tag{2.37}$$

可得出变换矩阵的值 $\mathbf{W} = (\mathbf{x}^T\mathbf{x})^{-1}\mathbf{x}^T\mathbf{y}$。考虑到 $\mathbf{y}$ 从 $\mathbf{x}$ 线性组合抽取的过程中,会存在有加性噪声,则变换式可以修正为$\mathbf{y} = \mathbf{W}^T\mathbf{x} + \mathbf{b}$,同时为了减少算法对数据的敏感度,在式(2.37)上可以加适量的偏置。在回归模型中,损失函数越小,模型越好,而且损失函数应尽量是一个凸函数,便于收敛计算。在线性回归模型中,采用的是平方损失函数。

岭回归是一种有偏估计回归算法,是对最小二乘回归的改进。为了得到优良的回归参数而放弃了最小二乘估计的无偏性和一部分信息。岭回归的数学模型可以表示为:

$$\min\left(\sum_{l=1}^L loss(f(\mathbf{x}_l), \mathbf{y}_l, \mathbf{b}) + \mu\Omega f) \right) \tag{2.38}$$

其中$\{\mathbf{x}_l\}_{l=1}^L \in \mathbb{R}^{P\times 1}$是一组输入向量,$\mathbf{y}_l \in \mathbb{R}^{C\times 1}$为各输入向量对应的类别信息,$C$ 为数据样本总的分类数。$loss(\cdot)$ 为损失函数,$\Omega(f)$ 则为正则项,μ 和 $\mathbf{b}$ 分别为调整参数和偏置。正则化项的加入,改变了损失函数的无偏性,可使求解过程中矩阵取逆的计算更加稳定,使算法具有更好的鲁棒性。

以损失函数取最小二乘估计,正则化项为 Tikhonov 正则

化[80] 为例,则其目标函数可写为:

$$L(\mathbf{W},\mathbf{b}) = \sum_{l=1}^{L} \| \mathbf{W}^T\mathbf{x}_l + \mathbf{b} - \mathbf{y}_l \|_F^2 + \mu \| \mathbf{W} \|_F^2$$

$$= \sum_{r=1}^{C} \sum_{l=1}^{L} (\mathbf{W}_r^T\mathbf{x}_l + b^r - y_{lr})^2 +$$

$$\mu \sum_{r=1}^{C} (\mathbf{W}_r^T\mathbf{W}_r) \tag{2.39}$$

其中,$\mathbf{W}$ 是输入数据的线性变换矩阵,令函数 $\pounds(\mathbf{W},\mathbf{b})$ 取值为0,即使平方误差最小,计算出 C 个转换向量 $\mathbf{W} = [\mathbf{w}_1, \cdots, \mathbf{w}_C] \in \mathfrak{R}^{P \times C}$ 的值,C 为总的分类数,从而通过式(2.39)计算出各样本向量 $\mathbf{x}_l$ 所属的类别信息。这类岭回归算法记为 1DREG(One Dimensional Regression Method)。

Tao D 等将一维的 1DREG 扩展到的二维领域,称为 GBR[48],但是在原文中 GBR 没有作为分类器来使用。Hou C 等[53] 中提出的 MRR 算法采用二维多秩回归模型,在多种矩阵数据库中,如人脸、字体、物体进行分类实验,同 SVM、LDA、2DLDA、1DREG 和 GBR 分类器相比较,取得了优越的分类效果。将线性回归算法作为分类器扩展到张量领域,有着良好的发展前景。

2.5　　本章小结

　　本章首先介绍了张量相关的基础运算知识,包括张量的符号表示,张量沿模式的矩阵展开,张量同矩阵的模 n 乘积,张量的内积、外积、范数、克罗内克积和 Khatri – Rao 积,张量的 Tucker 分解、CP 分解,张量的秩等数学运算,以及 TTP 和 TVP 投影方法。另外,对后续章节需要用到的一维经典降维和分类算法进行了说明,包括 PCA、LDA、MSD、ELM 和 1DREG 等算法,为后续章节的研究提供了理论基础。

3

基于 MPCA 和 GTDA
的张量型特征提取算法

第 3 章　　基于 MPCA 和 GTDA 的
张量型特征提取算法

3.1　引言

绝大部分的生物信息数据都具有多维的结构,可以用张量的形式来表征。例如指纹、掌纹、耳朵、面部、多通道脑电图等灰度图像可看作为二阶张量;彩色生物信息图像、Gabor 脸、行为分析中的步态序列、行为识别中的视频数据等可看作为三阶张量;而彩色视频可看作四阶张量。由于多线性子空间算法可以直接对张量数据进行处理,近年来得到了众多学者们的关注,获得了长久地发展。其中多线性子空间特征提取算法中,最著名的无监督算法是多线性主成分分析(MPCA),而应用最多的有监督算法是多线性判别分析(MDA)。

PCA 和 LDA 算法的联用,取得了更好的降维效果,并且避免了 LDA 中的小样本问题[9],因此,PCA + LDA 的降维方法得到了广泛的应用[81]。作为 PCA 和 LDA 张量型扩展的 MPCA 和 MDA 算法，在人脸识别等模式识别领域，采用将 MPCA 和 MDA 算法联用进行特征提取，也得到了更好的识别效果[82-84]。具体过程为，先采用 MPCA 对张量数据进行降维，降维后的数据再进行 MDA 运算，获取输入样本的最大判别特征。由于 MPCA 特征提取后，输入样本的维数已大大降低，从而避免了采用 MDA 算法时出现小样本问题[85]。但是，由于 MDA 算法的优化迭代过程不收敛[28]，考虑到识别过程的稳定性，采用 MDA 算法难以获得精确而稳定的结果。

与 MDA 不同，GTDA 算法可以获得稳定的识别效果，这得益于 GTDA 的迭代计算过程是收敛的。GTDA 的计算过程中，遵循使类间方差最大化和类内方差最小化的准则，使样本张量展开成一个核张量和一组与张量沿每一模相乘的矩阵，如式(2.15)。同时，Lu H 等通过多个数据库中的实验验证了 GTDA 可以取得和 MDA 相当的识别效果[86]。因此，考虑到虽然 MPCA + MDA 算法在识别张量型数据方面的具有明显的优势却难以获得准确稳定的识别结果，本章提出了一种新的 MPCA + GTDA 的特征提取方法。MPCA 和 GTDA 都可直接作用于张量数据，并且具有良好的收敛性，实验表明，MPCA + GTDA 不仅可以达到良好的识别效果，还能够很快收敛，减少迭代次数，降低计算量。另外，本章还对 GTDA 算法的一些初始化问题，如初始化条件的选择，截止条件，收敛性等进行了研究和探讨，这些在现有关于 GTDA 的研究文献中都是没有涉及的。

3.2　融合 MPCA 和 GTDA 的特征提取算法

作为 PCA 算法的张量扩展，MPCA 通过张量 - 张量的投影过程，将高阶张量样本投影到张量子空间，同时确保投影后的样本在新的张量子空间具有最大的离散度和模式可分离性，从而实现对原张量数据提取特征信息和压缩特征空间维数的效果。GTDA 是有监督的多线性子空间算法，它同样通过张量 - 张量的投影，使投影后的样本在新的张量子空间具有最大的类间离散度，并使类内离散程度最小。受 PCA + LDA 和 MPCA + MDA 算法的启发，首先采用 MPCA 对输入张量样本数据进行特征提取从而有效降维，对于投影后的特征子空间再采用 GTDA 算法，使特征之间具有最大的可分离性。最后，采用最近邻(Nearest Neighhor, NN) 分类器对 GTDA 运算后的特征进行分类，获得最终分类结果。在本节中，将会介绍 MPCA 和 GTDA 算法以及二者联用的方法步骤。

3.2.1 多线性主成分分析

在本节中将对 MPCA 算法进行简要的介绍。设一组 M 个 N 阶样本张量 $\{\mathcal{X}_1, \mathcal{X}_2, \cdots, \mathcal{X}_m\}$，各样本 $\mathcal{X}_m \in \Re^{I_1 \times I_2 \times \cdots \times I_N}$。MPCA 算法的目标是计算出 N 个投影矩阵 $\{\mathbf{U}^{(n)} \in \Re^{I_n \times P_n}, n = 1, \cdots, N\}$，从而使投影后特征子空间的总离散度 Ψ_y 最大，即：

$$\{\tilde{\mathbf{U}}^{(n)}\} = \arg \max_{\{\mathbf{U}^{(n)}\}} \Psi_y = \arg \max_{\{\mathbf{U}^{(n)}\}} \sum_{m=1}^{M} \parallel \mathcal{Y}_m - \overline{\mathcal{Y}} \parallel_F^2$$

$$(3.1)$$

其中，$\mathcal{Y}_m$ 是样本 $\mathcal{X}_m$ 经过 TTP 投影降维后得到的新的特征张量，根据式(2.16)，这一过程可以表示为：

$$\mathcal{Y}_m = \mathcal{X}_m \times \{\mathbf{U}^{(n)^T}\}_{n=1}^{N}$$

$$(3.2)$$

$\overline{\mathcal{Y}}$ 是输出张量的平均张量，$\overline{\mathcal{Y}} = \frac{1}{M} \sum_{m=1}^{M} \overline{\mathcal{Y}}_m$，另外，各模投影矩阵 $\mathbf{U}^{(n)}$ 的维数值 P_n 需提前给定。

如2.1.4 节所述的 TTP 投影计算过程，由于无法同时求解 N 个投影矩阵 $\{\mathbf{U}^{(n)}\}|_{n=1}^{N}$，需要采用 N 次 APP 迭代求解，将 $\{\mathbf{U}^{(n)}\}$ 逐个求出。投影矩阵 $\mathbf{U}^{(n)}$ 的具体求解方法为，在第 n 次迭代过程中，通过最大化样本模 n 矩阵的总离散度，求取投影矩阵 $\{\mathbf{U}^{(n)}\}$，其中样本模 n 矩阵的总离散度由其他 $(n-1)$ 个模展开矩阵所确定。设 $\{\mathbf{U}^{(n)}, n = 1, \cdots, N\}$ 为式(3.1) 的计算

结果,除 $\mathbf{U}^{(n)}$ 以外,另外 $(n-1)$ 个投影矩阵 $\{\mathbf{U}^{(1)},\cdots,\mathbf{U}^{(n-1)},$ $\mathbf{U}^{(n+1)},\cdots,\mathbf{U}^{(N)}\}$ 是已知的,则待求投影矩阵 $\mathbf{U}^{(n)}$ 由矩阵 $\boldsymbol{\varphi}^{(n)}$ 的前 P_n 个最大特征值所对应的 P_n 个特征向量所组成,其中 $\boldsymbol{\varphi}^{(n)}$ 的计算式为:

$$\boldsymbol{\varphi}^{(n)} = \sum_{m=1}^{M} (\mathbf{X}_{m(n)} - \overline{\mathbf{X}}_{(n)}) \mathbf{U}_{\Phi(n)} \mathbf{U}_{\Phi(n)}^{T} (\mathbf{X}_{m(n)} - \overline{\mathbf{X}}_{n})^{T}$$

(3.3)

其中,$\mathbf{X}_{m(n)}$ 是样本 x_m 的模 n 展开矩阵,且:

$$\mathbf{U}_{\Phi(n)} = (\mathbf{U}^{(n+1)} \otimes \mathbf{U}^{(n+2)} \otimes \cdots \otimes \mathbf{U}^{(N)} \otimes \mathbf{U}^{(1)} \otimes \mathbf{U}^{(2)} \otimes \cdots \mathbf{U}^{(n-1)}$$

(3.4)

投影矩阵 $\{\mathbf{U}^{(n)}, n = 1,\cdots,N\}$ 采用全投影截断(Full Projection Truncation,FPT)[28] 初始化方法,该初始化方法将在本章 3.3.2 节中详细介绍,再通过 APP 的 N 次循环迭代运算,逐个求出。

3.2.2　广义张量判别分析

GTDA 算法同样是基于 TTP 特征提取的多线性子空间算法,它的判别准则是使散度差的多线性扩展最大化。在张量 – 张量的投影过程中,N 个投影矩阵 $\{\mathbf{U}^{(n)} \in \mathfrak{R}^{I_n \times P_n}, P_n \leqslant I_n, n = 1,\cdots,N\}$,将 N 阶样本张量 $\mathcal{X}_m \in \mathfrak{R}^{I_1 \times \cdots \times I_N}$ 投影到维数更低的

特征子空间 $\mathcal{Y}_m \in \mathfrak{R}^{P_1 \times \cdots \times P_N}$。

设一组处于大小为 $\mathfrak{R}^{I_1} \otimes \mathfrak{R}^{I_2} \cdots \otimes \mathfrak{R}^{I_N}$ 空间的 M 个样本张量数据 $\{\mathcal{X}_1, \mathcal{X}_2, \cdots, \mathcal{X}_M\}$，它们分属于 C 类，每类含有 M_C 个样本。则投影后张量 $\{\mathcal{Y}_1, \mathcal{Y}_2, \cdots, \mathcal{Y}_M\}$ 之间的类内离散矩阵的计算式为：

$$\boldsymbol{\Psi}_{By} = \sum_{C=1}^{C} M_C \parallel \overline{\mathcal{Y}}_C - \overline{\mathcal{Y}} \parallel \tag{3.5}$$

类内离散矩阵的计算式为：

$$\boldsymbol{\Psi}_{Wy} = \sum_{m=1}^{M} \parallel \overline{\mathcal{Y}}_m - \overline{\mathcal{Y}}_{c_m} \parallel \tag{3.6}$$

其中 $\overline{\mathcal{Y}}_m$ 是样本 $\overline{\mathcal{X}}_m$ 经过 TTP 投影降维后得到的新的特征张量，

$\overline{\mathcal{Y}}_m = \overline{\mathcal{X}}_m \times \{\mathbf{U}^{(n)^T}\}_{n=1}^{N}$，$M_c$ 是第 c 类别包含的样本数，第 m 个样本所属的类别信息 $c_m = c(m)$，$\overline{\mathcal{Y}}$ 为总的平均张量值 $\overline{\mathcal{Y}} = \frac{1}{M} \sum_{m=1}^{M} \overline{\mathcal{Y}}_m$，而各类内平均值为 $\overline{\mathcal{Y}}_c = \frac{1}{M_c} \sum_{m,c_m} = c \overline{\mathcal{Y}}_m$。总之，GTDA 的目标函数可以表示为：

$$\{\tilde{\mathbf{U}}^{(n)}\} = \underset{c^{(n)}}{\operatorname{argmax}} \boldsymbol{\Psi}_{\text{dif}} = \underset{c^{(n)}}{\operatorname{argmax}} \boldsymbol{\Psi}_{By} - \zeta \cdot \boldsymbol{\Psi}_{Wy} \tag{3.7}$$

其中，ζ 是在训练过程中可视情况调节的可调参数，具体求解方法可参考文献[30]。

由于无法同时求解 N 个投影矩阵 $\{\mathbf{U}^{(n)}\}|_{n=1}^{N}$，和 MPCA 一样，优化计算的过程要采用 APP 方法，通过 N 次循环迭代计算投影矩阵。首先，把输入张量（MPCA 算法的输出）的每一模展开矩阵与 $\mathbf{U}^{(n)}$ 相乘，由式（2.17）可看出，次优解 $\hat{\mathcal{Y}}^{(n)}$ 的值

取决于除 $\mathbf{U}^{(n)}$ 以外的其他 $(n-1)$ 个投影矩阵 $\{\mathbf{U}^{(1)},\cdots\mathbf{U}^{(n-1)},\mathbf{U}^{n+1},\cdots,\mathbf{U}^{(N)}\}$。由此,求出次优解 $\hat{\boldsymbol{\mathcal{Y}}}^{(n)}$ 后,可进一步求出第 m 个次优解张量 $\hat{\boldsymbol{\mathcal{Y}}}_m^{(n)}$ 的模 n 展开矩阵 $\hat{Y}_{m(n)}$ 的类间离散矩阵和类内离散矩阵,即:

$$S_{B\hat{\mathcal{Y}}}^{(n)} = \sum_{c=1}^{C} M_c (\overline{\hat{\mathbf{Y}}}_{c(n)} - \overline{\hat{\mathbf{Y}}}_{(n)})(\overline{\hat{\mathbf{Y}}}_{c(n)} - \overline{\hat{\mathbf{Y}}}_{(n)})^T \qquad (3.8)$$

$$S_{W\hat{\mathcal{Y}}}^{(n)} = \sum_{m=1}^{M} (\hat{\mathbf{Y}}_{m(n)} - \overline{\hat{\mathbf{Y}}}_{c_m(n)})(\hat{\mathbf{Y}}_{m(n)} - \overline{\hat{\mathbf{Y}}}_{c_m(n)})^T \qquad (3.9)$$

其中,$\overline{\hat{\mathbf{Y}}}_{(n)} = \dfrac{1}{M} \sum_{m=1}^{M} \hat{\mathbf{Y}}_{m(n)}$ 为次优解 n 模展开矩阵总的平均矩阵,

$\overline{\hat{\mathbf{Y}}}_{c(n)} = \dfrac{1}{M_c} \sum_{m=1,c_m=c}^{M} \hat{\mathbf{Y}}_{m(n)}$ 为次优解 n 模展开矩阵各类内的平均矩阵。

根据式(3.7),各模 n 投影矩阵 $\mathbf{U}^{(n)}$ 的条件优化问题可通过下式求解:

$$\{\tilde{\mathbf{U}}^{(n)}\} = \arg \max_{\{\mathbf{U}^{(n)}\}} \mathrm{tr}(\mathbf{U}^{(n)^T} S_{B\hat{\mathcal{Y}}}^{(n)} \mathbf{U}^{(n)}) - \zeta$$
$$\cdot \mathrm{tr}(\mathbf{U}^{(n)^T} S_{W\hat{\mathcal{Y}}}^{(n)} \mathbf{U}^{(n)})$$

$$= \underset{\{\mathbf{U}^{(n)}\}}{\mathrm{argmax}} \, \mathrm{tr}(\mathbf{U}^{(n)^T}(S_{B\hat{\mathcal{Y}}}^{(n)} - \zeta \cdot S_{W\hat{\mathcal{Y}}}^{(n)})\mathbf{U}^{(n)})$$

$$(3.10)$$

对张量总散度差矩阵 $(S_{B\hat{\mathcal{Y}}}^{(n)} - \zeta \cdot S_{W\hat{\mathcal{Y}}}^{(n)})$ 进行特征分解,取前 P_n 个最大特征值所对应的 P_n 个特征向量,即为待求投影矩阵 $\tilde{\mathbf{U}}^{(n)}$ 的值。

综上所述,同 MDA 的判别准则类似,GTDA 的目标是使输入样本张量的类间离散矩阵最大化,而类内离散矩阵最小化,从而使不同类样本间具有最大的可分离度。MDA 同 GTDA 的最大差别是,求解过程中,MDA 的判别准则是使类间矩阵与类内矩阵比值最大化,而 GTDA 的判别准则是类间矩阵与类内矩阵的差最大化。GTDA 算法的优越性可归纳为以下几点:①GTDA 算法利用散度差最大化对输入张量各模独立降维,之间互不相干,避免了小样本问题[87];② 由于是有监督算法,GTDA 参考了各训练样本的类别信息,尽可能多地保留样本内部的判别信息;③GTDA 的优化迭代过程是收敛的,具有良好的收敛性,本书在后续实验部分会对其收敛性进行进一步验证和分析。

3.2.3　MPCA 与 GTDA 算法融合

如前所述,MPCA 是一种保持样本总体离散度最大的多线性无监督特征提取方法,在降维过程中没有将样本的类别信息考虑进去,这样会造成在解决实际识别问题时的一些问题。以计算机视觉领域为例,当角度、光照、尺度等因素导致样本影像发生变化时,采用最近邻分类方法对降维后的特征子空间分类时,识别效果劣于最近邻的分类方法[88]。而 GTDA 利用样本的类别信息获得了最佳判别投影方向,它降维后再采用 NN 分类的效果与采用最近邻分类的效果相近。MPCA + GTDA 的组合方法可以将二者的优点融合在一起,并且避免了小样本问题,具有良好的收敛性。融合 MPCA 和 GTDA 算法主要分为两部分,首先采用 MPCA 对原始样本张量进行特征提取,并在有效降维后的子空间中应用 GTDA 算法,输出最终的特征子空间。

另外,不论样本是向量形式还是张量形式,两个样本之间的欧氏距离都是相同的, 因此,可采用 NN 分类器对最终特征子空间进行分类。两个不同特征张量之间的距离表示为:

$$dist(\mathcal{Y}_i, \mathcal{Y}_j) = \| \mathcal{Y}_i - \mathcal{Y}_j \|_F = \| vec(\mathcal{Y}_i) - vec(\mathcal{Y}_j) \|_F$$

$$(3.11)$$

设一组训练特征张量 $\{\mathcal{Y}_1, \mathcal{Y}_2, \cdots, \mathcal{Y}_M\}$,总类别数为 C,其中第 m 个特征张量 $\mathcal{Y}_m$ 的所属类别为 $c_m = c(m)$。如果一个测试特征张量 $\mathcal{Y}$ 与所有训练特征张量的距离比较中,和 $\mathcal{Y}_m$ 的距离最小,则就把 $\mathcal{Y}$ 和 $\mathcal{Y}_m$ 归为一类,即:

$$dist(\mathcal{Y}, \mathcal{Y}_m) = \min_{i=1,\cdots,M} \{dist(\mathcal{Y}, \mathcal{Y}_i)\}, \mathcal{Y}_m \in c_m \quad (3,12)$$

则 $\mathcal{Y} \in c_m$。这就是采用 NN 分类器分类的过程。MPCA + GTDA 算法的流程如算法 3.1 所示:

算法 3.1：MPCA + GTDA 算法流程

输入：一组 N 阶张量 $\{x_m \in \mathfrak{R}^{I_1 \times I_2 \times \cdots \times I_N}, m = 1, \cdots, M\}$，降维后特征子空间维数 $\{P_n, n = 1, 2, \cdots, N\}$，可调参数 ζ，最大循环次数 K。

算法：

1：中心化：$\tilde{x}_m = x_m - \bar{x}, m = 1, \cdots, M, \bar{x} = \frac{1}{M} \sum_{m=1}^{M} x_m$。

2：初始化 $\{\mathbf{U}^{(n)}\}$：对输入张量每一模展开的协方差矩阵进行特征分解，$\tilde{S}_{TX}^{(n)} = \sum_{m=1}^{M} \tilde{\mathbf{X}}_{m(n)} \cdot \tilde{\mathbf{X}}_{m(n)}^T$，其中 $\mathbf{U}^{(n)}$ 由 $\tilde{S}_{TX}^{(n)}$ 前 P_n 个特征值所对应特征向量组成。

3：局部寻优迭代计算

for $k = 1$ to K do(K 为设定的最高循环次数）

for $n = 1$ to N do(N 为张量样本的阶数）

for $m = 1$ to M do(M 为张量样本数量）

计算式(3.2)，得到输入张量 x_m 的 n 模局部多线性投影目标张量 $\{\hat{y}_m^{(n)}, m = 1, \cdots, M\}$；

end for

（1）计算目标张量 $\hat{y}_m^{(n)}$ 的 n 模展开离散矩阵，

$$S_{T\hat{y}}^{(n)} = \sum_{m=1}^{M} (\hat{\mathbf{Y}}_{m(n)} - \bar{\hat{\mathbf{Y}}}_{(n)}) (\hat{\mathbf{Y}}_{m(n)} - \bar{\hat{\mathbf{Y}}}_{(n)})^T;$$

（2）对矩阵 $S_{T\hat{y}}^{(n)}$ 进行特征分解，$\mathbf{U}^{(n)}$ 由其前 P_n 个特征值所对应特征向量组成。

end for

如果达到最高循环次数 K，跳出循环并输出当前投影矩阵 $\{\mathbf{U}^{(n)}\}$。

end for

输出投影后特征张量组：$\mathcal{A}_m = \mathcal{X}_m \times_1 \mathbf{U}^{(1)^T} \times_2 \mathbf{U}^{(2)^T} \times \cdots \times_N \mathbf{U}^{(N)^T}$。

for $k = 1$ to K do（K 为设定的最高循环次数）

for $n = 1$ to N do（N 为张量样本的阶数）

for $m = 1$ to M do（M 为张量样本数量）

计算 $\mathcal{A}_m$ 模 n 展开的局部多线性投影

$$\tilde{\mathcal{Y}}_m^{(n)} = \mathcal{A}_m \times_1 \mathbf{U}^{(1)^T} \cdots \times_{(n-1)} \mathbf{U}^{(n-1)^T} \times_{n+1} \mathbf{U}^{(n+1)^T} \cdots \times_N \mathbf{U}^{(N)^T}$$

end for

（1）计算 $\tilde{\mathcal{Y}}_m^{(n)}$ 类内离散矩阵和 $S_{W\tilde{\mathcal{Y}}}^{(n)}$ 类间离散矩阵 $S_{B\tilde{\mathcal{Y}}}^{(n)}$

$$S_{W\tilde{\mathcal{Y}}}^{(n)} = \sum_{m=1}^{M} (\tilde{\mathbf{Y}}_{m(n)} - \bar{\tilde{\mathbf{Y}}}_{c_m(n)})(\tilde{\mathbf{Y}}_{m(n)} - \bar{\tilde{\mathbf{Y}}}_{c_m(n)})^T$$

$$S_{B\tilde{\mathcal{Y}}}^{(n)} = \sum_{c=1}^{C} M_C \cdot (\bar{\tilde{\mathbf{Y}}}_{c(n)} - \bar{\tilde{\mathbf{Y}}}_{(n)})(\bar{\tilde{\mathbf{Y}}}_{c(n)} - \bar{\tilde{\mathbf{Y}}}_{(n)})^T$$

其中 $\bar{\tilde{\mathbf{Y}}}_{c_m(n)} = \dfrac{1}{M_c}\sum_{m=1,c_m=c}^{M}\tilde{\mathbf{Y}}_{m(n)}$，$\bar{\tilde{\mathbf{Y}}}_{(n)}$

$= \dfrac{1}{M}\sum_{m=1}^{M}\tilde{\mathbf{Y}}_{m(n)}$。

（2）对矩阵 $(S_{B\tilde{\mathcal{Y}}}^{(n)} - \zeta \cdot S_{W\tilde{\mathcal{Y}}}^{(n)})$ 进行特征分解，$\tilde{\mathbf{U}}^{(n)}$ 由其前 P_n 个特征值所对应特征向量组成。

end for

如果达到最高循环次数 K, 跳出循环并输出当前投影矩阵 $\tilde{\mathbf{U}}^{(n)}$。

end for

输出投影后特征张量组 $\mathcal{Y}_m = \mathcal{A}_m \times_1 \tilde{\mathbf{U}}^{(1)^T} \times_2 \tilde{\mathbf{U}}^{(2)^T} \times \cdots \times_N \tilde{\mathbf{U}}^{(N)^T}$。

3.3　GTDA 算法的先决条件分析

文献[30] 中, D. Tao 等首次提出了 GTDA 算法, 并在一系列图像和步态实验中验证了 GTDA 算法的有效性, 随后该算法也在模式识别领域中得到了广泛的应用[86][87]。作为基于 TTP 的多线性子空间算法, GTDA 采用 APP 循环迭代的方法求出一组投影矩阵, 由于涉及算法迭代计算的问题, 那么就需要对该过程进行初始化和何时结束的条件设置, 详见算法 2.1 和算法 3.1。但是就目前所知, 在现有的涉及 GTDA 算法的文献中, 还未有对 GTDA 初始化等问题进行深入详细的研究。因此, 在本节中将对 GTDA 算法中迭代优化的计算过程中的特征子空间大小、初始化条件以及该算法的收敛性问题进行深入的讨论和分析。

3.3.1　投影后特征子空间的维数确定

在算法 3.1 中可看出,样本张量经过多线性变换投影到特征子空间,需要预先设定特征子空间的维数,也就是确定 $\{P_n, n = 1, \cdots, N\}$ 的值。在文献[28] 中,针对 MPCA 投影后的特征子空间维数大小的确定采用了门限 Q 值的方法。该方法简单易行,不需要循环计算,可以直接计算值。门限 Q 值定义为:

$$Q^{(n)} = \frac{\sum_{i_n=1}^{P_n} \breve{\lambda}_{i_n}^{(n)}}{\sum_{i_n=1}^{I_n} \breve{\lambda}_{i_n}^{(n)}} \tag{3.13}$$

其中, $\breve{\lambda}_{i_n}^{(n)}$ 为对样本张量各模展开的散度差($\mathbf{S}_{B\hat{q}}^{(n)} - \zeta \cdot \mathbf{S}_{W\hat{q}}^{(n)}$)进行特征分解得到的特征值,$I_n$ 为输入张量的各模维数,即 $\mathcal{X}_m \in \mathfrak{R}^{I_1 \times \cdots \times I_N}$。$\sum_{i_n=1}^{I_n} \breve{\lambda}_{i_n}^{(n)}$ 是各模散度差特征分解得到的总特征值的和, $\sum_{i_n=1}^{P_n} \breve{\lambda}_{i_n}^{(n)}$ 则是根据门限 Q 值设定的相应比例,可以保留的前 P_n 个最大特征值的和。

容易看出,输入样本各模展开的类间离散矩阵与类内离散矩阵的差是确定的,各模总散度差的特征值的和也是确定的,只要 Q 值确定,则需保留的特征值个数可轻松求出。并且样本张量各模展开所对应的 Q 值都相等,即 $Q^{(1)} = Q^{(2)} = \cdots = Q^{(N)} = Q$。在 PCA 算法中,提取主成分过程中也设定了所提取最大特征值数量所占全部特征值的比例值,见式(2.23),门限 Q 值方法可看作该方法的多线性扩展。设定门限值的依据是:将特征值由大到小排列,值越大的特征值对应的特征向量包含的信息量越多,通过设定合适比例,舍弃每一模中信息量较少的特征向量,只保留含有绝大部分信息量的特征向量。并且大量实验证明,绝大部分信息量被包含在少数特征向量中,因此设定合适的 Q 值,不仅可以显著地减低子空间的维数,还可以保留绝大部分信息,便于取得良好的识别效果。采用设定门限值来确定特征子空间的方法,简单高效,在本章后续的关于 GTDA 的实验中采用此方法来确定的值。

3.3.2   迭代初始化的条件

多线性子空间算法的计算过程大多需要多次优化迭代,如 MPCA、MDA、GTDA 等,而在运算的开始,需要对待求投影矩阵初始化,详见算法 2.1。采用 TTP 投影的多线性算法,对投影矩阵进行初始化的常用方法有以下三种[67]。

（1）**伪确定矩阵**（Pseudo – identity matrices）

采用有确切取值的矩阵进行初始化。各模对应的确定矩阵大小为（$I_n \times I_n$），I_n 为样本张量第 n 模的维数。确定矩阵可以选全 1 矩阵，即所有元素的值为 1，也可以是对角阵，即对角线元素全为 1，其他为 0，也可以是其他矩阵，但要求各元素的值都是确定的。

（2）**随机初始化**（Random initialization）

样本张量各模展开投影矩阵的各元素随机取值，可采用服从均值为 0 的随机平均分布，取值范围在，或者正态高斯分布。随机取值后的各投影矩阵，还需归一化到单位范数。

（3）**全投影截断**（Full Projection Truncation，FPT）

FPT 初始化方法是指采用将一确定矩阵截断后，对其截断矩阵进行初始化。下面以 GTDA 算法为例进行说明。FPT 方法中采用被截断的模 n 展开全投影矩阵来初始化各模展开的投影矩阵。GTDA 多线性投影过程中，各模总散度差矩阵的计算式为：

$$\boldsymbol{\Psi}_{x\,dif}^{(n)\,*} = \sum_{c=1}^{C} M_c \parallel \overline{\mathcal{X}}_{c(n)} - \overline{\mathcal{X}}_{(n)} \parallel - \zeta \cdot \sum_{m=1}^{M} \parallel \mathcal{X}_{m(n)}$$

$$- \overline{\mathcal{X}}_{c(n)} \parallel \tag{3.14}$$

其中,$\mathcal{X}_m(n)$ 是输入样本 $\mathcal{X}_m$ 的模 n 展开矩阵,M_c 为 $\mathcal{X}_m$ 所属的第 c 类包含的样本总数,$\overline{\mathcal{X}}_{(n)}$ 和 $\overline{\mathcal{X}}_{c(n)}$ 分别为所有输入张量模 n 展开矩阵的平均矩阵和第 c 类包含的样本模 n 展开矩阵的类内平均矩阵。

对 $\boldsymbol{\Psi}_{dif}^{(n)\,*}$ 进行特征分解,将特征值按从大到小排列,则所有特征值对应的特征向量组成的矩阵即为模 n 全投影矩阵。取全投影矩阵的前 P_n 个特征值对应的特征张量组成的矩阵作为各模 n 投影矩阵 $\{\mathbf{U}^{(n)}, n = 1, \cdots, N\}$ 的初始值,即为 FPT 初始化方法。如果取 $P_n = I_n$,则 $\{\mathbf{U}^{(n)}\}$ 即为全投影矩阵。容易看出,散度差 $\boldsymbol{\Psi}_{dif}^{(n)\,*}$ 由输入样本张量唯一确定,P_n 由 Q 值来确定,初始化 $\{\mathbf{U}^{(n)}\}$ 的过程无须迭代,可以直接赋值。

相比 FPT 初始化方法,伪确定矩阵和随机矩阵初始化方法缺乏针对性,需要更多次的循环计算才能获得最终的投影矩阵,因此 FPT 的初始化方法具有比另外两种初始化方法更快的计算速度。在需要迭代计算的多线性子空间算法中,初始化方法的选择对不同算法的影响也不尽相同。例如,对正则化非相关多线性判别分析算法采用不同方法初始化会影响该算法最终的识别结果[89],而对 MPCA 算法采用不同方法初始化则对最终结果影响不明显[28]。但是,对 MPCA 这一类初始化方法不敏感的算法而言,不同的初始化方法会影响该类算法收敛的速度,相比之下,针对基于 TTP 的多线性子空间算法,FPT 具有最快的收敛速度,可成为初始化方法的最佳选择。对于不同初始化方法对 GTDA 算法的影响将在 3.4.1 节实验分析中进行详细的比较和说明。

3.3.3　迭代终止条件

在上节中以 GTDA 为例分析了迭代计算过程的初始化方法,那么该计算过程还需要一个结束的条件,才是一个完整的过程。常用的迭代终止条件有以下两种:一是对于收敛的迭代计算过程,可以设定一个微小的门限值 ε,当第 k 次迭代计算的结果与第 $(k-1)$ 次迭代计算的结果的差小于该门限值,则跳出循环,输出计算结果;二是设定最大迭代计算次数。

对于 GTDA 算法,总散度差 Ψ_{dif} 在每次迭代过程中的取值的差可与门限值 ε 相比较。设 $\Psi_{dif(k)}$ 和 $\Psi_{dif(k-1)}$ 分别为第 k 次和第 $(k-1)$ 次迭代计算得到的总散度差的值,如果 $(\Psi_{dif(k)} - \Psi_{dif(k-1)}) < \varepsilon$,则迭代计算过程终止,输出计算结果。

但是,并不是所有的多线性子空间算法的循环计算过程都是收敛的,如 MDA。对于该类算法,采用门限值的结束方法很可能会使算法陷入无限循环中。即使对于收敛的算法,也要谨慎选取门限值,由于各算法之间数值计算的差异很大,不合适的门限值会影响得到理想的最终结果。另一种终止方法是直接设定最大循环次数 K，循环次数一旦达到上限，则自动结束输出结果。K 值的选取要基于该算法的具体实验情况和合适的计算成本。譬如，在实验中发现，MPCA 和 GTDA 在实验中收敛得很快，在第 3 ~ 4 次即可很好地收敛，可将 K 设为 4，而对于不收敛的 MDA，可将 K 值设为 10 左右，因为太大的 K 值会带来过高的运算量。

3.3.4　收敛性

算法的收敛性的判断，既可以通过数学公式的推理证明，也可以通过相关实验的观察来得到。对于 GTDA 算法，由式 (3.10) 可知，在每次循环计算中，通过使 $Tr(\mathbf{U}^{(n)^T}(S_{B\hat{y}}^{(n)} - \zeta \cdot S_{W\hat{y}}^{(n)})\mathbf{U}^{(n)})$ 最大化来确定各模投影矩阵 $\{\mathbf{U}^{(n)^T}\}_{n=1}^{N}$，设 $\{\mathbf{U}_k^{(n)^T}\}_{n=2}^{N}$ 为第 k 次迭代得到的投影矩阵，$\{\mathbf{U}_{(k+1)}^{(n)^T}\}_{n=1}^{N}$ 为第 $(k+1)$ 次迭代得到的投影矩阵，再根据式 (3.8) 和式 (3.9) 求出类内离散矩阵和类间离散矩阵，则第 k 次和第 $(k+1)$ 次迭代得到的模 n 总散度差矩阵为 $\mathbf{\Psi}_{y_{dif(k)}}$ 和 $\mathbf{\Psi}_{y_{dif(k+1)}}$，由于 $\{\mathbf{U}_{(k+1)}^{(n)^T}\}_{n=1}^{N}$ 取自 $\mathbf{\Psi}_{y_{dif(k)}}$ 最大的 P_n 个特征向量，固有 $\mathbf{\Psi}_{y_{dif(k)}} \leqslant \mathbf{\Psi}_{y_{dif(k+1)}}$。推广到多次迭代计算结果，$k = 1, \cdots, K$，有：

$$a = \mathbf{\Psi}_{y_{dif(1)}} \leqslant \mathbf{\Psi}_{y_{dif(2)}} \leqslant \cdots \leqslant \mathbf{\Psi}_{y_{dif(k)}} \leqslant \mathbf{\Psi}_{y_{dif(k+1)}} \leqslant \cdots \leqslant$$

$$\mathbf{\Psi}_{y_{dif(K)}} = b \tag{3.15}$$

由式(3.15)可看出,随着每次迭代计算,总散度差 $\boldsymbol{\Psi}\boldsymbol{y}_{dif}$ 是一个单调递增过程,并且具有上限 a 和下限 b,从数学公式推导来看,GTDA 是收敛的。在 3.4.2 节的实验分析中,取不同 Q 值的情况下,GTDA 算法都能够很快收敛(四次循环之内)。

3.4　实验结果分析

在 3.2 节和 3.3 节中详细介绍了 MPCA 和 GTDA 的算法,以及二者联用时的算法流程。并且,对 GTDA 在进行迭代计算时的一些问题,如初始化、循环结束条件、收敛性和特征子空间大小的确定,也进行了研究和说明。在本节中,利用灰度人脸数据库、彩色人脸数据库和步态库,对 GTDA 的初始化条件和收敛性进行了实验验证,同时,在多种数据库上采用 MPCA + GTDA 进行特征提取,并和同类型算法相比较,验证了 MPCA + GTDA 算法的有效性和先进性。

3.4.1　GTDA 初始化条件的选择

首先,采用 ORL 数据库来验证三种不同初始化方法:伪确定矩阵、随机矩阵和 FPT 对 GTDA 的影响。选取的 ORL 子库包含有 40 类,每类各 10 张大小为 112×92 的灰度人脸图像,具体介绍见 1.4 节。图 3.1 ~ 图 3.4 给出了 ORL 数据库中,这 400 张人脸图片的总散度差 $\Psi_{\mathcal{X}_{dif}}$ 在不同初始化条件和不同门限 Q 值的情况下,K 次循环迭代计算时($K = 4$),每次循环计算时取值。总散度差 $\Psi_{\mathcal{X}_{dif}}$ 的计算式为:

$$\Psi_{\mathcal{X}_{dif}} = \sum_{c=1}^{C} M_c \parallel \overline{\mathcal{X}_c} - \overline{\mathcal{X}} \parallel - \sum_{m=1}^{M} \parallel \mathcal{X}_m - \overline{\mathcal{X}_c} \parallel$$

$$(3.16)$$

其中,$\mathcal{X}_m$ 为 ORL 数据库中某一样本图像,$\overline{\mathcal{X}} = \frac{1}{M} \sum_{m=1}^{M} x_m$ 为所有样本图像均值,M 为样本总数 $M = 400$,$\overline{\mathcal{X}_c} = \frac{1}{M_c} \sum_{m=1}^{M_c} \mathcal{X}_m$ 为 $\mathcal{X}_m$ 所属类别的类内平均值,M_c 为该类包含的样本数 $M_c = 10$,C 为类别总数 $C = 40$。

图 3.1 到图 3.4 给出了当 $Q = 0.1, 0.5, 0.7, 0.8$ 时,Q 值的计算见式(3.13),样本总散度差在第 $1,2,3,4$ 次迭代计算中的值和变化。在图 3.1 中可以看出,当 $Q = 0.1$ 时,三种初始化条件下,首次计算得到的散度差值有较大不同,但随着循环一次以后,散度差值迅速聚拢,基本处于已收敛情况;第 2 次循环时,散度差已收敛,其中,FPT 初始化条件下的收敛值略少于另两种初始化方法。这是由于 FPT 初始化方法中,由于 $Q = 0.1$,FPT 初始化的值只含有原张量散度差矩阵 10% 的信息量,从而造成收敛值稍少于另两种方法。

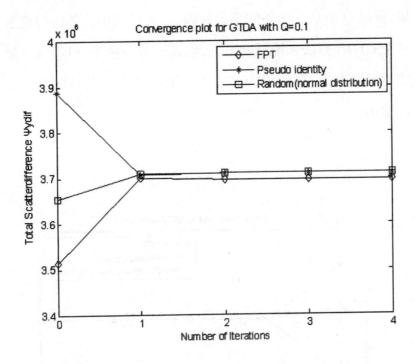

图 3.1　　不同初始化条件下 *GTDA* 总散度差取值($Q = 0.1$)

如图 3.2 所示,在 $Q = 0.5$ 时,不同初始化条件下,散度差的值同样迅速收敛,在第二次循环时,三种初始情况下的总散度差取值已一致。而在 $Q = 0.7, 0.8$ 时,如图 3.3 和图 3.4 所示,三种初始化方式在第 4 次循环时汇集到一点。从图 3.1 至图 3.4 可看出,在 Q 取比较小的值时,譬如 $Q = 0.1$,不同的初始化方法会对 GTDA 计算的结果带来一定影响,此时三条曲线没有交汇到一点,而对于 $Q \geqslant 0.5$ 时,三种初始化方法都能迅速收敛汇集于一点。总之在取较大 Q 值时,GTDA 算法对初始化方法的选取不敏感。对于绝大多数应用场合,算法在特征提取过程中,都要保留绝大部分的信息,才能取得好的识别效果,所以 $Q \geqslant 0.5$ 的条件很容易满足。虽然初始化条件的选取对于 GTDA 算法来说影响不大,但是三种方法中,FPT 具有最快的运算速度,在后续的实验中将采用该方法对 GTDA 进行初始化。

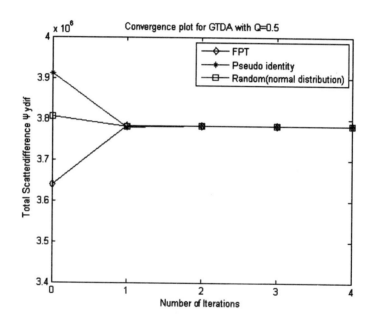

图 3.2　不同初始化条件下 GTDA 总散度差取值($Q = 0.5$)

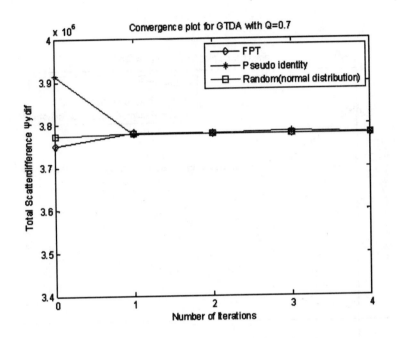

图 3.3　　不同初始化条件下 *GTDA* 总散度差取值($Q = 0.7$)

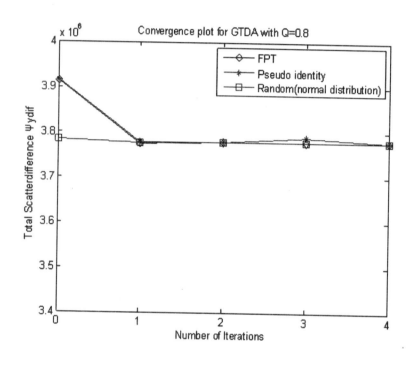

图 3.4　不同初始化条件下 $GTDA$ 总散度差取值($Q = 0.8$)

3.4.2　GTDA 与 MDA 的收敛性分析

在 3.2.2 节中提到，GTDA 的迭代优化过程是收敛的，并且收敛速度很快，而 MDA 是不收敛的，所以不能给出稳定的识别结果。在本节中采用 ORL 人脸数据库对 GTDA 和 MDA 的收敛性进行验证。图 3.5 和图 3.6 显示了在不同 Q 值情况下，经过多次循环计算，MDA 总的类间离散矩阵与类内离散矩阵的比值和 GTDA 的总散度差在每次计算时的取值分布情况。其中，GTDA 的总散度差 $\Psi_{x_{dif}}$ 计算式为式（3.16），而 MDA 总的类间离散矩阵与类内离散矩阵的比值记为 $\Psi_{x_{div}}$，计算式为：

$$\Psi_{xdiv} = \frac{\sum_{c=1}^{C} M_c \parallel \overline{\mathcal{X}_c} - \overline{\mathcal{X}} \parallel}{\sum_{m=1}^{M} \parallel \mathcal{X}_m - \overline{\mathcal{X}_c} \parallel} \qquad (3.17)$$

其中，$\sum_{c=1}^{C} M_c \parallel \overline{\mathcal{X}_c} - \overline{\mathcal{X}} \parallel$ 为类间离散矩阵，$\sum_{m=1}^{M} \parallel \mathcal{X}_m - \overline{\mathcal{X}_c} \parallel$ 为类内离散矩阵，各符号含义与式（3.16）中说明相同。由图 3.5 可看出，不论 Q 值取较大值还是较小值，经过 30 次循环计算，每次循环计算得到的 $\Psi_{x_{div}}$ 均不相同，并且三条曲线没有相交，说明不同 Q 值条件下，$\Psi_{x_{div}}$ 的值也是不同的，说明了 MDA 算法的不收敛性。而在图 3.6 中，不论 Q 取何值，$\Psi_{x_{dif}}$ 都能在第二次循环时收敛，并且除了 Q 取微小值 0.1

时,在 $Q = 0.5,07,0.8$ 时,总散度差 $\boldsymbol{\Psi}_{x_{dif}}$ 趋近于一致,说明 GTDA 具有良好的收敛性。

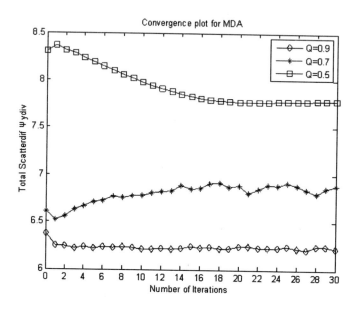

图 3.5　不同 Q 值情况下 MDA 的收敛性

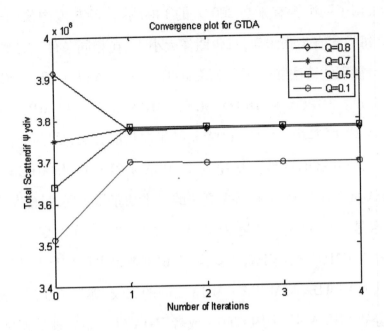

图 3.6　不同 Q 值情况下 GTDA 的收敛性

综合 3.4.1 节和 3.4.2 节中关于 GTDA 初始化条件和收敛性的实验结果分析，可看出，在取较大 Q 值时，GTDA 算法对初始化条件的选择和 Q 值的变化不敏感，均能够很快收敛，取得一致的实验结果。

3.4.3　FERET 人脸库的实验和结果分析

本节中，采用 FERET 灰度人脸数据库验证 MPCA + GTDA 的算法的识别效果，并且同其他多种特征提取算法进行比较。FERET 数据库在 1.4 节中已进行了详细的介绍，本实验采用了一个含有来自200人的1400张人脸灰度图像的子库。每类含有7张图像，每张图像大小为。在相同条件下，用于人脸识别的算法除了研究对象MPCA + GTDA以外，还有PCA + LDA、2DPCA + 2DLDA、MPCA、MDA、GTDA 和 MPCA + MDA算法。其中，PCA + LDA是基于向量的算法，采用该算法时，需要先将的图像向量化到。2DPCA + 2DLDA 和 MPCA + MDA可看作是PCA + LDA算法的二维和张量扩展，虽然灰度图像是二阶张量，但是 2DPCA + 2DLDA 是单边变换，而 MPCA + MDA 相当于双边变换，在识别效果上还是有差别的。MPCA + GTDA与MPCA + MDA之间的比较，体现了在同一降维条件MPCA下，采用GTDA或者MDA进一步处理的差别。而 MPCA + GTDA 和 MPCA + MDA 与 MPCA、MDA 和 GTDA 的比较，说明算法联用要优于算法单用的情况。

本实验设计如下：从数据库每一类的样本图像中，随机选取 L 张图像用于训练，则余下的图像用于测试识别率。为了公平地检验各种算法在该数据库上的识别效果，各算法最终的识别率是取十次重复实验结果的平均值。对于MPCA、MDA和GTDA这些在计算过程中需要迭代计算的多线性算法，令它们的最大重复次数 $K = 3$，并且都采用FPT初始化方法进行初始化。在FPT初始化条件下，根据相关算法不同的优化准则，选取前 P 个最大特征值对应的特征向量，组成初始化投影矩阵。其中，L 和 P 都是在一定范围内可变化的相应参数，用于观察算法在这些可变参数影响下的识别效果。最后，对于不同特征提取方法提取出的 P 个或 $2P$ 个特征值(向量型算法提取 P 个特征值,张量型算法提取每模 P 个特征值,2 为灰度图像阶数),采用 NN 分类器分类,输出正确识别率。

由式(3.5) 和式(3.6) 可知,只有一个参数时无法计算 Ψ_{BY} 和 Ψ_{WY},因此,每类训练样本数 L 和各模提取特征值数 P 都不能取 1。在第一个实验中,随机选取 FERET 库中每类三张图像用于训练,其他的用于测试,每模提取的特征值数 P 的变化范围为 2 ~ 40,图 3.7 给出了各算法随着 P 的变化正确识别率的结果。

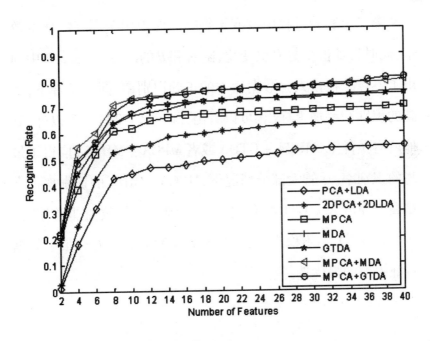

图 3.7　各算法随提取特征值数目变化的识别率

由图3.7可看出,在P整个变化的区间,MPCA + GTDA 和 MPCA + MDA 算法识别率都优于其他算法,在P取较小值时,MPCA + MDA 的识别率略高于MPCA + GTDA,但随着P的增加,二者的识别率不相上下。这种情况是由于P值较小时,散度差含有的鉴别信息少于散度的商。因此,采用MPCA + GTDA 降维时,要选取合适的Q值,使P落在合适的区间。另外,有监督算法 MDA 和 GTDA 的识别效果均优于无监督算法 MPCA,这是因为有监督算法将类别信息考虑在内,包含了更多的判别信息,提高了算法的有效性。在所有的算法中,PCA + LDA 的效果最差。

第二个实验过程中改变了每类图像中用于训练的样本数量,同时特征值个数P也变化,随着和P的改变,在表3.1中列出了各算法在该人脸数据库中的正确识别率,同等条件下,最高的识别利率加黑标出。可以看出,除了$P = 2$这一项以外,其他所有条件下,MPCA + GTDA 或者 MPCA + MDA 都取得了最高的识别率。尽管大部分情况下,MPCA + MDA 的识别率都会略高于 MPCA + GTDA,但是可以看到二者的数值非常接近。考虑到 MDA 的不稳定性,MPCA + GTDA 不失为对张量数据特征提取的最优选择。

表 3.1　　各算法随 L 和 P 变化的人脸识别率表

L	P	2	6	10	20	30
	MPCA	0.138	0.357	0.395	0.431	0.431
	MDA	0.176	0.314	0.455	0.443	0.541
2	GTDA	0.119	0.293	0.439	0.412	0.512
	MPCA + MDA	0.147	0.456	0.527	0.557	0.657
	MPCA + GTDA	0.137	0.433	0.514	0.565	0.635
	MPCA	0.283	0.545	0.5633	0.68	0.6917
	MDA	0.355	0.6183	0.6233	0.7583	0.765
4	GTDA	0.278	0.4633	0.645	0.7083	0.7383
	MPCA + MDA	0.202	0.632	0.732	0.8	0.88
	MPCA + GTDA	0.276	0.62	0.72	0.74	0.8717
	MPCA	0.215	0.625	0.705	0.715	0.78
	MDA	0.245	0.705	0.77	0.84	0.825
6	GTDA	0.215	0.715	0.745	0.765	0.805
	MPCA + MDA	0.22	0.745	0.85	0.88	0.92
	MPCA + GTDA	0.205	0.725	0.815	0.795	0.935

3.4.4　步态数据库的实验和结果分析

　　灰度步态视频可看作三阶张量,各模式分别对应于样本的行、列和时间轴。本实验采用的步态数据库来自 USF HumanID 的步态数据库中的子库。该库包含了来自于 71 个人的 731 个步态样本,各样本大小为 $32 \times 22 \times 10$,每类含有大约 10 个样本。在本次实验中,每类选取前 4 个步态样本用于训练

（共284个样本），其余样本用于测试（共447个样本）。实验中选取各模前 P 个最大特征值对应的特征向量对投影矩阵进行初始化，P 的取值范围为从 2 至 10。图 3.8 显示了 MDA、GTDA、MPCA、MPCA + MDA 和 MPCA + GTDA 随着 P 值变化的对步态数据的识别率，同样，最终的识别结果取相同条件下 10 次重复计算结果的平均值。从图 3.8 可看出，随着 P 值得增大，MPCA，GTDA 和 MPCA + GTDA 算法的识别率都稳步增加，呈现出单调上升的趋势，这种单调性得益于 MPCA 和 GTDA 算法都具有收敛性，并且 MPCA + GTDA 算法取得了最好的识别效果。而对于和 MDA 相关的算法，它的不稳定性也得到了体现，在 $P > 5$ 的取值区间，识别率反复波动，从而造成了 MPCA + MDA 识别率的降低。

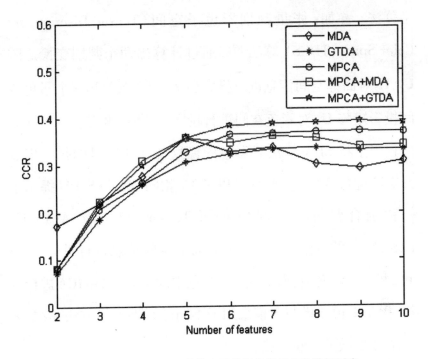

图 3.8　步态数据库中各算法随特征值数目变化的识别率

3.4.5　AR 彩色人脸数据库的实验和结果分析

RGB 彩色空间的彩色人脸图像可看作三阶张量。其中 1 模为行向量, 2 模为列向量, 而 3 模为色彩参数 R、G、B 的取值[83]。即设彩色人脸图像样本为大小为 $I_1 \times I_2$, 则可表示为三阶张量 $\mathcal{X} \in \mathfrak{R}^{I_1 \times I_2 \times I_3}$, 其中 $I_3 = 3$, 3 模的三个数值对应于该彩色图像在 R、G、B 上的取值。如图 3.9 所示。

学者们也提出了一些将彩色图像作为张量来处理的张量

型算法。譬如：张量判别彩色子空间（Tensor Discriminant Color Space,TDCS）算法[90]，通过计算出两个判别变换矩阵 $\mathbf{U}_1,\mathbf{U}_2$ 对面部空间信息进行投影（1 模和 2 模）和一个彩色空间投影矩阵 $\mathbf{U}_3$ 对彩色空间进行投影（3 模）。事实上，TDCS 算法相当于将 LDA 算法对彩色图像这个三阶张量的每一模展开矩阵进行变换，基本原理和 MDA 相同。Wang S J 等提出了一种融合张量子空间（Fusion Tensor Subspace Analysis, FTSA）[91] 的方法，采用 LDA 对面部空间信息进行投影（1 模和 2 模）进行变换，而对模 3 的彩色空间信息，采用 ICA 进行变换。由于 1 模 2 模与 3 模采用了不同的线性变换方法，故命名为融合张量子空间方法。

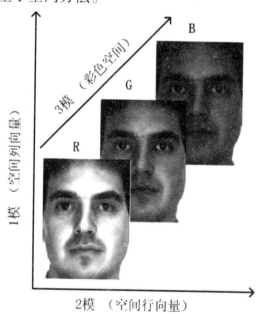

图 3.9　一幅彩色人脸图像的张量表示图

在本次实验中,考虑到彩色图像 3 模的维数不大($I_3 = 3$),没有必要再对其进行降维操作。因此本次实验设计如下:为了检验 MPCA + GTDA 算法对彩色人脸数据库识别性能,先采用 MPCA 算法对彩色样本图像的面部空间信息,即张量样本的 1 模和 2 模,进行降维,对降维后的特征子空间,再采用 GTDA 算法对投影后的三阶张量的每一模展开矩阵进行变换。即对于一彩色人脸图像 $\mathcal{X} \in \mathfrak{R}^{I_1 \times I_2 \times I_3}$,优化的目标是寻求两个线性投影矩阵 $\mathbf{U}_1 \in \mathfrak{R}^{I_1 \times P_1}$,$\mathbf{U}_2 \in \mathfrak{R}^{I_2 \times P_2}$ 和一个色彩变换矩阵 $\mathbf{U}_3 \in \mathfrak{R}^{I_3 \times P_3}$($P_1 < I_1, P_2 < I_2, P_3 \leqslant I_3$),使:

$$\mathcal{Y} = \mathcal{X} \times_1 \mathbf{U}_1^T \times_2 \mathbf{U}_2^T \times_3 \mathbf{U}_3^T \tag{3.18}$$

其中,投影矩阵 $\mathbf{U}_1$ 和 $\mathbf{U}_2$ 通过 MPCA + GTDA 变换得到,投影矩阵 $\mathbf{U}_3$ 通过 GTDA 变换得到。

本次实验在得到广泛应用的 AR 彩色人脸数据库上开展,本书在 1.4 节中对该数据库进行了详细介绍,该实验中采用的子库含有分属于 100 个人的 1400 张图像,50 个男人和 50 个女人,每类含有 14 张图像。每类图像随机选取 7 张用于训练,剩余的用于测试。各算法最终识别率为 10 次重复实验结果的平均值。进行比对的算法有 MPCA + GTDA、MPCA + MDA、GTDA、MDA 和 MPCA,其中投影矩阵 $\mathbf{U}_1$ 和 $\mathbf{U}_2$ 采用 FPT 方法进行初始化,而投影矩阵 $\mathbf{U}_3$ 采用一大小为 3×3,所有元素为 1/3 的矩阵进行初始化,最大循环次数 $K = 3$,P 为各模提取的特征数量,取值范围为 2 ~ 25。图 3.10 显示了各算法随着 P 值变化时最终的识别率。

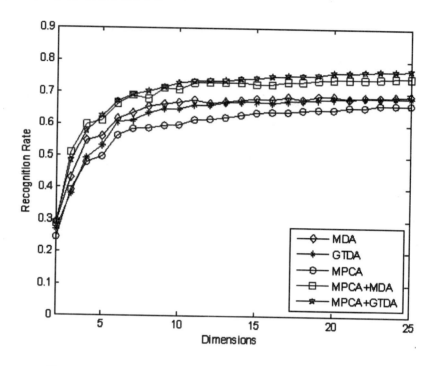

图 3.10 *AR* 彩色人脸数据库中各算法随特征值数目变化的识别率

由图 3.10 可看出，在所有算法中，MPCA + GTDA 和 MPCA + MDA 仍然取得了最好的识别效果，并且两者的识别率相当。因此，MPCA + GTDA 算法可以良好地胜任张量型数据的降维和特征提取任务。

3.5　本章小结

本章提出了一种基于 MPCA + GTDA 的特征提取方法，该方法可直接对张量型数据进行降维。该算法具有如下优点。

（1）因为 MPCA 和 GTDA 均能够很快收敛，二者联用具有良好的收敛性，克服了 MDA 不能收敛的缺点。

（2）可获得与 MPCA + MDA 相比拟的识别效果，在同类特征提取算法实验比较中也取得了最好的效果。

（3）避免了小样本问题。

另外，通过在 ORL 数据库的实验中，发现 GTDA 算法对初始化条件的选择不敏感，但是采用 FPT 初始化可以获得最快的收敛速度，并且能够快速收敛。本章中对该算法迭代求解过程中的截止条件、特征子空间的大小等问题，进行了详细地分析。通过 FERET，AR 和步态数据库，与 PCA + LDA、2DPCA + 2DLDA、MPCA、MDA、GTDA 和 MPCA + MDA 算法做对比实验，表明 MPCA + GTDA 可以获得与 MPCA + MDA 相当的识别效果，但是结果更精确、更稳定，是一种有效的张量型特征提取算法。

4

张量型极限学习机分类算法

第4章　张量型极限学习机分类算法

4.1　引言

模式识别应用领域中,最主要的两个环节是降维和分类,二者同等重要,共同决定了样本识别的最终结果。在第 3 章中,提出了一种有效的张量型降维方法 MPCA + GTDA,那么在第 4 章中将提出一种新的张量型分类器。根据在 1.3.2 节中关于张量型分类器的发展现状的描述,将向量型分类器向张量型扩展主要集中在SVM 和 1DREG 上,对于常用于分类的神经网络领域并未过多涉及,这是由于神经网络虽然模型众多,但是参数复杂,计算缓慢。在复杂多变的神经网络模型中,有一种特殊的前馈单隐层神经网络,称为极限学习机(ELM)。ELM 随机产生隐含层结点参数,再通过计算得到输出权值来决定输出,大大简化了传统神经网络复杂的参数优化和迭代过程,具有极快的运算速度和良好的分类效果。ELM 从一被提出就得到了广泛地关注,并在模式识别领域中得到了广泛应用[92][93]。同众多经典的分类器一样,ELM 是针对向量型数据进行分类,因此,将其扩展到张量领域对高维高阶的张量型数据进行分类是很有必要的。

本章关于对 ELM 的张量型扩展的分析分为两部分:由于针对生物信息识别系统中常用的灰度图像,如人脸、指纹、掌纹、虹膜、耳朵、物品、数字、医学图像等二阶数据的应用类型众多,占模式识别应用领域相当大一部分。因此,本章首先以人脸识别为例,提出了以二阶张量(图像)为分类对象的二维极限学习机。接着,再提出不受阶数限制的张量型极限学习机。

4.2　二维极限学习机分类器

图像可看作一种 2 阶张量,可直接用来进行特征提取的算法有 2DPCA、2DLDA、$(2D)^2PCA$、$(2D)^2LDA$ 等二维算法,而能够直接对提取后的二阶特征子空间进行分类的二维分类器有 GBR、MRR、STM,2D - NNRW 和不受阶数限制的 NN 分类器。考虑到 GBR 只是提出理论计算而没有作为分类器进行实验,MRR 和 STM 需要优化的参数较多,计算缓慢,而 NN 分类器结构过于简单,难以获得理想的分类效果。ELM 具有计算速度快,无须迭代,分类效果好的诸多优点,在本节中参考 2DLDA 算法的推理过程,提出一种可直接对二阶张量数据(人脸图像)分类的二维极限学习机(Two - Dimensional Extreme Learning Machine,2D - ELM)。关于 ELM 的算法原理,在 2.3 节中已经详细介绍,在此就不再赘述。

4.2.1　2D - ELM算法原理

以 2DLDA 算法为例,设一组 N 个二阶矩阵数据 $\{\mathbf{X}_1,\mathbf{X}_2,\cdots,\mathbf{X}_N\}$,各样本 $\mathbf{X}_i \in \mathfrak{R}^{I_1 \times I_2}$,2DLDA 的目标函数为确定两个变换矩阵 $\mathbf{U}^{(1)} \in \mathfrak{R}^{I_1 \times P_1}(P_1 \leqslant I_1)$ 和 $\mathbf{U}^{(2)} \in \mathfrak{R}^{I_2 \times P_2}(P_2 \leqslant I_2)$,分别与样本 $\mathbf{X}_i$ 左乘和右乘,将其投影到特征子空间 $\mathbf{Y}_i \in \mathfrak{R}^{P_1 \times P_2}$,即:

$$\mathbf{Y}_i = \mathbf{U}^{(1)^T}\mathbf{X}_i\mathbf{U}^{(2)} = \mathbf{X}_i \times_1 \mathbf{U}^{(1)^T} \times_2 \mathbf{U}^{(2)^T} \in \mathfrak{R}^{P_1 \times P_2} \qquad (4.1)$$

其中,$\mathbf{U}^{(1)}$ 和 $\mathbf{U}^{(2)}$ 根据对应的 LDA 优化准则求取。

受式(4.1) 中线性变换的启发,如果将 ELM 算法式(2.29) 中的线性变换式 $\mathbf{w}_i^T \cdot \mathbf{x}_j$ 改为双线性变换的形式 $\mathbf{u}_i^T \mathbf{X}_j \mathbf{v}_i$,其中 $\mathbf{u}_i$ 和 $\mathbf{v}_i$ 分别为左投影向量和右投影向量,因此,2D - ELM 算法可表述如下。设一组 N 个任意不同矩阵样本 $\{(\mathbf{X}_j,\mathbf{t}_j)\}_{j=1}^N$,其中各样本 $\mathbf{X}_j \in \mathfrak{R}^{m \times n}$,$\mathbf{t}_j \in \mathfrak{R}^C$,式(2.29) 可被改写为:

$$\mathbf{y}_j = \sum_{i=1}^{L} \boldsymbol{\beta}_i g(\mathbf{u}_i^T \mathbf{X}_j \mathbf{v}_i + b_i) \qquad (4.2)$$

其中，$\mathbf{u}_i \in \mathfrak{R}^m$，$\mathbf{v}_i \in \mathfrak{R}$，$b_i \in \mathfrak{R}$，$\boldsymbol{\beta}_i \in \mathfrak{R}^C$，$i = 1, 2, \cdots, L$，$L$ 是隐含层的节点数。由式（4.2）可知，含有 mn 个变量的投影向量 $\mathbf{w}_i$ 被含有 $m + n$ 个变量的 $\mathbf{v}_i \otimes \mathbf{u}_i$ 所代替，从而使二阶矩阵样本无须向量化就可直接变换。根据 ELM 算法原理，输入权重值的取值是随机确定的，则与之对应的左右投影向量和的值也是随机确定的。有研究表明 ELM 网络的输出对输入权重值和隐含网络的偏置值并不敏感[94]。

根据文献[19]和文献[53]中的推导，可知有如下向量变换等式：

$$\| \mathbf{w}_i \| = \mathbf{w}_i^T \mathbf{w}_i = Tr(\mathbf{w}_i \mathbf{w}_i^T) \qquad (4.3)$$

设 $\mathbf{X} \in \mathfrak{R}^{m \times n}$，$\mathbf{u}_i \in \mathfrak{R}^m$，$\mathbf{v}_i \in \mathfrak{R}^n$，则 $\mathbf{u}_i^T \mathbf{X} \in \mathfrak{R}^{1 \times n}$ 和 $\mathbf{X} \mathbf{v}_i \in \mathfrak{R}^m$ 均是向量，根据式（4.3），则关于输入矩阵样本 $\mathbf{X}$ 的双线性变换式 $\mathbf{u}_i^T \mathbf{X} \mathbf{v}_i$ 满足：

$$\mathbf{u}_i^T \mathbf{X} \mathbf{v}_i = Tr(\mathbf{u}_i^T \mathbf{X} \mathbf{v}_i) = Tr(\mathbf{X} \mathbf{v}_i \mathbf{u}_i^T) = Tr((\mathbf{u}_i \mathbf{v}_i^T)^T \mathbf{X})$$

$$= (Vec(\mathbf{u}_i \mathbf{v}_i^T))^T Vec(\mathbf{X}) = \mathbf{w}_i \mathbf{x} \qquad (4.4)$$

其中，$Vec(\mathbf{u}_i \mathbf{v}_i^T)$ 和 $Vec(\mathbf{X})$ 为向量化矩阵 $\mathbf{u}_i \mathbf{v}_i^T$ 和 $\mathbf{X}$。式（4.4）的推导结果表明，线性变换 $\mathbf{u}_i^T \mathbf{X} \mathbf{v}_i$ 和 $\mathbf{w}_i \mathbf{x}$ 是相等的，则式（4.2）和式（2.29）可以取得相同的结果。

通过式（4.2）中的双线性投影变换，可直接对输入样本图像进行计算而无须将其向量化，从而不仅保留了样本内部的结构信息，并且计算过程中需要计算的变量数目也大大减少。对于同一个图像 $\mathbf{X} \in \mathfrak{R}^{m \times n}$ 来说，采用 2D – ELM 分类，需要计算的变量数是 $(m + n + 1 + c)L$，而如果采用 ELM 进行分类，需要计算的变量数为 $(mn + 1 + c)L$。这是由于对 X 线性变换的向量 $\mathbf{u}_i \in \mathfrak{R}^m$ 和 $\mathbf{v}_j \in \mathfrak{R}^n$ 所含的变量数的和为 $m + n$，再考虑到隐含层的节点个数 L 和类别个数 c，而对样本向量化 $\mathbf{x}$ 后的向量进行变换的 $\mathbf{w}$ 所含变量数为 mn。由此可见，2D – ELM 的计算量明显少于 ELM，具有更快的计算速度。

对于 2D – ELM，所有的输入权重值 $\mathbf{u}_i, \mathbf{v}_i$，以及偏置值 b_i 都是随机确定，则输出权重值 $\boldsymbol{\beta}_i$ 可通过式 (2.35) 计算得到，则只需将变换矩阵 $\mathbf{H}$ 改写为相应双线性变换的形式：

$$
\boldsymbol{\Phi} = \begin{bmatrix} G(\mathbf{u}_1^T \mathbf{X}_1 \mathbf{v}_1 + b_1) & \cdots & G(\mathbf{u}_L^T \mathbf{X}_1 \mathbf{v}_L + b_L) \\ \vdots & \vdots & \vdots \\ G(\mathbf{u}_1^T \mathbf{X}_N \mathbf{v}_1 + b_1) & \cdots & G(\mathbf{u}_L^T \mathbf{X}_N \mathbf{v}_L + b_L) \end{bmatrix}
$$

$$(4.5)$$

$\boldsymbol{\Phi}$ 为 2D – ELM 算法中的隐含层输出矩阵，则输出权重 $\hat{\boldsymbol{\beta}}$ 为：

$$
\hat{\boldsymbol{\beta}} = \arg\min_{\boldsymbol{\beta}} \sum_{j=1}^{N} \| \sum_{i=1}^{L} \boldsymbol{\beta}_i g(\mathbf{u}_i^T \mathbf{X}_j \mathbf{v}_i + b_j) - \mathbf{t}_j \| = \arg
$$

$$
\min_{\boldsymbol{\beta}} \| \boldsymbol{\Phi}\boldsymbol{\beta} - \mathbf{T} \| \tag{4.6}
$$

其中，$\boldsymbol{\beta} = \begin{pmatrix} \boldsymbol{\beta}_1^T \\ \vdots \\ \boldsymbol{\beta}_L^T \end{pmatrix}, T = \begin{pmatrix} \mathbf{t}_1^T \\ \vdots \\ \mathbf{t}_N^T \end{pmatrix}$ $\qquad$ (4.7)

通过以上推导得到了根据 ELM 基本原理，可直接对二阶图像进行分类的 2D – ELM 分类器。以人脸识别为例，设一输

入张量 $\mathcal{X} \in \mathfrak{R}^{m \times n \times Q}$，其中 Q 是输入样本图像的数量，$m \times n$ 是各人脸图像的大小。根据式(4.2)计算最终输出 $\mathbf{y}_j$，然后同真实的类别信息 $\mathbf{t}_j$ 相比对，从而检验 2D－ELM 分类的效果。在 4.2.2 节中采用多个人脸数据库，来验证 2D－ELM 分类器的有效性。

4.2.2　2D－ELM 实验结果分析

在本节中采用两个人脸数据库来验证 2D－ELM 分类器的效果，分别是 ORL 和 FERET，在 1.4 节中，有关于两个数据库的详细说明，在此不再赘述。采用 2D－ELM 和 ELM 作为分类器进行相同条件下分类效果的比较，激活函数 g 为常用的 sigmoid 函数。实验中随机选取每一类中的训练样本，最终的识别结果取 10 次重复计算结果的平均值。

实验一采用 ORL 数据库，比较 ELM 和 2D－ELM 的分类效果。ORL 库含有 400 张分属于 40 人的样本图像，大小为 92×112，每类包括 10 张图像。实验中，每类图像中随机选取 3 张用于训练，其他的用于测试。其中采用 ELM 分类时，需将输入样本向量化。图 4.1 显示了分别采用 ELM 和 2D－ELM 对 ORL 数据库中的人脸图像进行分类，随着隐含层节点数 L 变化，最终得到的正确识别率。可以观察到，除了在 L 为 100 和 200 的这两个点上，2D－ELM 的分类效果都好于 ELM，但是随着 L 值的增加,这种优势也呈现出缩小的趋势。这是由于随着 L 的不断增加,2D – ELM 和 ELM 计算的结果趋于一致,如式(4.4)所示,这样一种现象在 MPCA + 2D – ELM 则更加明显。另外,在 L 取 100 和 200 时,神经网络的隐含层节点数过于少而不能达到理想的分类效果,因此不具有参考价值。

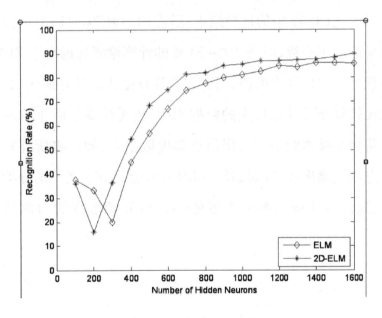

图 4.1　ELM 和 2D – ELM 分类器随 L 变化的识别率

实验二同样采用 ORL 人脸数据库,每类随机选取 3 张用于训练,整个识别过程分为两部分。首先采用 MPCA 对输入样本数据进行特征提取,令 Q = 0.999,即几乎保留了所有的内部信息。然后对降维后的特征子空间分别采用 2D – ELM 和 ELM 分类,因此可以看作 MPCA + 2D – ELM 和 MPCA + ELM 两种算法的效果比较,识别结果如图 4.2 所示。比较图 4.1 和图 4.2,采用 MPCA 降维后再分类可以明显地提高识别率。例如,在隐含层节点数为 400 时,MPCA + 2D - ELM 和 MPCA + ELM 的识别率都达到了 90% ,而 ELM 的识别率是 45% ,2D - ELM 的识别率是 55% ,充分说明了在分类前对样本进行降维的必要性。另外,经过 MPCA 降维后,去除掉冗余信息,MPCA + 2D - ELM 和 MPCA + ELM 的识别率几乎趋近于一致,从而验证了式(4.4) 中的推导结果。尽管 ELM 和 2D - ELM 的分类效果趋向于一致,但是 2D - ELM 的计算量要远远小于 ELM ,特别是 L 取比较大的值,因而前者具有更快的计算速度。并且在比较复杂或计算量大的数据库中,也无法保证降维算法能否将初始样本的所有有用信息都提取出来,同时将所有冗余信息都剔除出去,这时 2D - ELM 往往会表现出更好的分类效果,这得益于张量型分类器能够保留原始数据的内部结构信息。

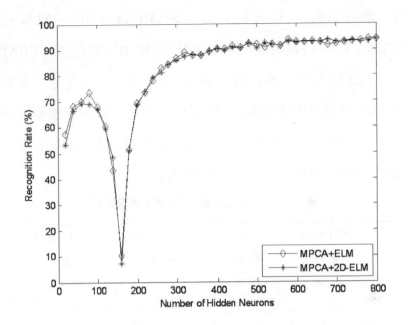

图 4.2　MPCA + ELM 和 MPCA + 2D – ELM 分类器随 L 变化的识别率

实验三采用了 FERET 人脸数据库中的一个子库,该子库含有来自 200 人的 1400 张人脸灰度图像,每类含有 7 张图像,每张图像大小为。在每类图像中随机选取 P 张图像用于训练,其余的用于测试。在本次实验中,随着用于训练的图像数目 P 值变化,比较不同分类器之间的识别结果。进行比较的分类器有 NN,SVM,ELM 和 2D – ELM,在分类之间都先采用 MPCA 降维,$Q = 0.999$,其中对于 ELM 和 2D – ELM,隐含层节点数设为 800。随着每类用于训练的样本数目 P 值的变化 $P = 1$,2,3,4,5,6,各算法最终识别结果如表 4.1 所示,其中最高的值加粗表示。可以看出,ELM 的分类效果要好于 NN 和 SVM,除了 $P = 1$ 这个点,MPCA + 2D – ELM 都以明显优势取得了最高识别率,即使在 $P = 1$ 时,MPCA + 2D – ELM 和 MPCA + ELM 的识别率也非常接近。相对 ORL 数据库,FERET 数据库所包含的样本数量更多,也更为复杂,从表 4.1 可看出,同样经过 MPCA 降维后,MPCA + 2D – ELM 的识别率要明显高于 MPCA + ELM,进一步说明了 2D – ELM 不仅具有更快的计算速度,也具有更优的分类效果。

表 4.1 各分类器随着 P 变化的不同识别率

P	MPCA + NN	MPCA + SVM	MPCA + ELM	MPCA + 2D – ELM
1	39.33	42.83	**45.83**	45.67
2	46.88	48.76	47.4	**52.2**
3	50.96	52.1	58.5	**62.3**
4	56.88	60.8	60.67	**68.67**
5	68.83	63.33	63.5	**78.85**
6	76.83	70.5	70	**83**

在本节中,以人脸识别为例,检验了新的二维分类器 2D – ELM 的性能,它不仅具有快速的计算速度,还能够直接对二阶数据进行分类,保留了数据的内部结构信息,取得了良好的分类效果。但是 2D – ELM 毕竟只针对二阶样本,为了解决更高阶次张量数据的分类问题,在 4.3 节中提出了不受阶次限制的张量型极限学习机分类器。

4.3　张量极限学习机分类器

　　能够直接对高阶张量数据进行分类的分类器包括 STM,NN 等,关于张量型分类器的研究还在不断发展中。考虑到 ELM 作为分类器的诸多良好性质,如结构简单无须迭代,参数随机确定,计算速度很快,具有良好的分类效果等,在本节中将向量型 ELM 推广到张量型 ELM(Tensorial Extreme Learning Machine,TELM),对高维高阶数据进行分类计算。

4.3.1　TELM算法原理

　　张量型到向量型的多线性扩展往往会用到 Tucker 分解,设 M 阶张量 $\mathcal{X} \in \mathfrak{R}^{I_1 \times I_2 \times \cdots \times I_m}$,可分解为核张量和一组矩阵的模 m 展开乘积,即:

$$\mathcal{X} = \mathcal{Y} \times_1 \mathbf{U}^{(1)} \times_2 \mathbf{U}^{(2)} \cdots \times_M \mathbf{U}^{(M)} \tag{4.8}$$

其中 $\mathcal{Y} \in \mathfrak{R}^{P_1 \times P_2 \times \cdots \times P_M}$,$P_m < I_m$,称为核张量,并有:

$$\mathcal{Y} = \mathcal{X} \times_1 \mathbf{U}^{(1)^T} \times_2 \mathbf{U}^{(2)^T} \cdots \times_M \mathbf{U}^{(M)^T} \tag{4.9}$$

其中 $\mathbf{U}^{(m)} = \left[u_1^{(m)} u_2^{(m)} \cdots u_{P_m}^{(m)} \right]$ 是大小为 $I_m \times P_m$ 的矩阵,并且所有矩阵 $\{\mathbf{U}^{(m)}\}_{m=1}^M$ 和核张量都是正交的。

对张量 $\mathcal{X}$，$\mathcal{Y}$ 向量化，即 $y = \text{Vec}(\mathcal{Y})$，$x = \text{Vec}(\mathcal{X})$，$\text{Vec}(\cdot)$ 为向量化运算符号（将张量各列向量首尾连在一起），则有：

$$\mathbf{y} = \text{Vec}(\mathcal{Y}) = \text{Vec}(\mathcal{X} \times_1 \mathbf{U}^{(1)T}$$

$$\times_2 \mathbf{U}^{(2)T} \cdots \times_M \mathbf{U}^{(M)T}$$

$$= (\mathbf{U}^{(1)} \otimes \mathbf{U}^{(2)} \otimes \cdots \otimes \mathbf{U}^{(M)})^T \text{Vec}(\mathcal{X})$$

$$(4.10)$$

其中 $\otimes$ 表示克罗内克积运算。

由 2D – ELM 的推导过程可知，将式（2.29）中的线性变换式 $\mathbf{w}_i^T \cdot \mathbf{x}_j$ 改为双线性变换的形式 $\mathbf{u}_i^T \mathbf{X}_j \mathbf{v}_i$，从而得到了二维分类器，因此构建张量型极限学习机分类器，可将式（2.29）中的向量线性变换式 $\mathbf{w}_i^T \cdot \mathbf{x}_j$ 换成相应的张量表示，如 $\mathcal{X}_j \times_1 \mathbf{u}_i^{(1)T} \times_2 \mathbf{u}_i^{(2)T} \cdots \times_M \mathbf{u}_i^{(M)T}$。具体算法过程为，设一组 N 个样本张量 $\{(\mathcal{X}_j, \mathbf{t}_j)\}_{j=1}^N$，$\mathbf{t}_j \in \mathfrak{R}^C$ 为类别信息，C 为类别总数，式（2.29）可被改写为：

$$\mathbf{y}_j = \sum_{i=1}^L \boldsymbol{\beta}_i g(\mathcal{X}_j \times_1 \mathbf{u}_i^{(1)T} \times_2 \mathbf{u}_i^{(2)T} \cdots \times_M \mathbf{u}_i^{(M)T} + b_i)$$

$$= \sum_{i=1}^L \boldsymbol{\beta}_i g(\mathcal{X}_j \prod_{m=1}^M {}_{\times m} \mathbf{u}_i^{(m)T} + b_i) \qquad (4.11)$$

其中 $\mathcal{X}_j \in \mathfrak{R}^{I_1 \times I_2 \times \cdots \times I_M}$ 为 M 阶样本张量，$\mathbf{u}_i^{(m)} \in \mathfrak{R}^{I_m}$ 为张量各阶次对应的变换向量，$m = 1, \cdots, M$，偏置 $b_i \in \mathfrak{R}$，输出权重 $\boldsymbol{\beta}_i \in \mathfrak{R}^C$，$i = 1, 2, \cdots L$，$L$ 为隐含层节点数量。

为了讨论式（2.29）和式（4.11）之间的联系，设张量 $\mathcal{X} \in$

$\mathfrak{R}^{I_1 \times I_2 \times \cdots \times I_M}$,向量 $\mathbf{x} = \mathrm{Vec}(\mathcal{X})$ 为式(2.29)中的输入向量,则输入权重向量 $\mathbf{w}$ 为包含 $I_1 I_2 \cdots I_M$ 个变量的列向量。已知两个矩阵 $\mathbf{A} \in \mathfrak{R}^{I \times J}$ 和 $\mathbf{B} \in \mathfrak{R}^{K \times L}$ 的克罗内克积表示为 $\mathbf{A} \otimes \mathbf{B}$,计算结果是大小为 $(IK) \times (JL)$ 的矩阵。推广开来,则大小为 $I_1 I_2 \cdots I_M \times 1$ 的向量 $\mathbf{w}$ 可表示为:

$$\mathbf{w} = \mathbf{u}^{(1)} \otimes \mathbf{u}^{(2)} \otimes \cdots \otimes \mathbf{u}^{(M)} \tag{4.12}$$

其中 $\mathbf{u}^{(m)} \in \mathfrak{R}^{I_m}$。由于向量 $\mathbf{w}$ 中的参数值都是随机确定的,则各向量 $\{\mathbf{u}^{(m)}\}_{m=1}^{M}$ 的值也是随机取值。经过式(4.12)的推导,则式(4.10)可以改写成:

$$y = \mathrm{Vec}(\mathcal{Y}) = \mathrm{Vec}(\mathcal{X} \times_1 \mathbf{u}^{(1)^T} \times_2 \mathbf{u}^{(2)^T} \times \cdots \times_M \mathbf{u}^{(M)^T}$$

$$= (\mathbf{u}^{(1)} \otimes \mathbf{u}^{(2)} \otimes \cdots \otimes \mathbf{u}^{(M)})^T \mathrm{Vec}(\mathcal{X}) = \mathbf{w}^T \mathbf{x} \tag{4.13}$$

其中,$\mathbf{u}^{(m)}$,$\mathcal{X}$,w,x 的定义和前文相同。由式(4.13)的推导可看出,TELM 算法可看做 ELM 的一个特例,即当输入权重 $\mathbf{w} = \mathbf{u}^{(1)} \otimes \mathbf{u}^{(2)} \otimes \cdots \otimes \mathbf{u}^{(M)}$ 时的特例,由此一来,在 TELM 算法中,向量 $\mathbf{w}$ 仅由 $(I_1 + I_2 + \cdots + I_M)$ 个参数组成,而在 ELM 算法中,需要计算 $(I_1 I_2 \cdots I_M)$ 个值。总之,通过计算式(4.11),可直接对输入样本张量进行分类而无须向量化,不仅保留了样本的内部结构信息,还使所需计算的参数大大减少,提高了运算速度。

根据 ELM 的工作原理,所有的输入权重和偏置值都随机赋值,而输出权重 $\boldsymbol{\beta}$ 则通过式(2.35)计算得到,需将变换矩阵 $\mathbf{H}$ 改写为张量表示的形式:

$$\boldsymbol{\Phi} = \begin{bmatrix} G(\mathcal{X}_1 \prod_{m=1}^{M} {}_{\times m} \mathbf{u}_1^{(m)^T} + b_1) \cdots G(\mathcal{X}_1 \prod_{m=1}^{M} {}_{\times m} \mathbf{u}_L^{(m)^T} + b_L) \\ \vdots \quad\quad \vdots \quad\quad \vdots \\ G(\mathcal{X}_N \prod_{m=1}^{M} {}_{\times m} \mathbf{u}_1^{(m)^T} + b_1) \cdots G(\mathcal{X}_N \prod_{m=1}^{M} {}_{\times m} \mathbf{u}_L^{(m)^T} + b_L) \end{bmatrix}$$

$$(4.14)$$

$\boldsymbol{\Phi}$ 为 TELM 算法的隐含层输出矩阵,而输出权重值通过式(4.15)优化函数计算:

$$\hat{\boldsymbol{\beta}} = \underset{\beta}{\arg\min} \sum_{j=1}^{N} \left\| \sum_{i=1}^{L} \boldsymbol{\beta}_i g(\mathcal{X}_j \prod_{m=1}^{M} {}_{\times m} \mathbf{u}_i^{(m)^T} + b_i) - \mathbf{t}_j \right\|$$

$$= \underset{\beta}{\arg\min} \| \boldsymbol{\Phi}\boldsymbol{\beta} - \mathbf{T} \| = \boldsymbol{\Phi}^+ \mathbf{T} \qquad (4.15)$$

其中:

$$\boldsymbol{\beta} = \begin{pmatrix} \boldsymbol{\beta}_1^T \\ \vdots \\ \boldsymbol{\beta}_L^T \end{pmatrix}, T = \begin{pmatrix} \mathbf{t}_1^T \\ \vdots \\ \mathbf{t}_N^T \end{pmatrix} \qquad (4.16)$$

以上是关于 TELM 分类器的算法说明,下面通过一系列实验来验证该张量型分类器的性能。

4.3.2　TELM 的实验结果分析

在本节中采用两个数据库来验证 TELM 分类器的效果,

分别是 FERET 人脸数据库和 HumanID 步态数据库。实验中随机选取每一类中的训练样本,最终的识别结果取 10 次重复计算结果的平均值。

实验一采用 FERET 数据库来比较 ELM 和 TELM 分类器的分类效果,如果采用 ELM 分类的话需将 80×80 的图像向量化到 6400×1。该数据库含有来自 200 人的 1400 张图像。从每一类 7 张图像中随机选取 3 张用于训练,其余用于测试。TELM 分类器中的投影向量组 $\{ \mathbf{u}^{(m)}, m = 1, \cdots, M \}$ 和 ELM 分类器中的输入权重向量的值,以及偏置值 $\{ b_i, i = 1, \cdots, L \}$ 的值都随机确定,激活函数 g 为常用的 sigmoid 函数。图 4.3 显示了随着隐含层节点数 L 的变化($100 \sim 3000$),TELM 和 ELM 直接对图像进行分类的识别率。由图 4.3 可看出,除了 L 取较小值的几个点($L = 300, 400, 500$)时,TELM 的识别率都是明显高于 ELM 的,并且在 L = 300, 400, 500 时的识别率过低,这几个点也是无效的。由于采用的 FERET 图片众多,并且没有进行降维,可以看到 ELM 的分类效果不理想,这也是为什么对于较多或较大样本时,一定要降维的原因。

实验二仍然采用 FERET 人脸数据库,采用 MPCA 进行特征提取后,采用 TELM 和 ELM 对降维后特征子空间进行分类。数据库中每类图像随机选择 3 张用于训练,设隐含层节点数 $L = 1500$,MPCA 提取的特征子空间维数为 P,随着 P 由 1 到 20,MPCA + ELM 和 MPCA + TELM 的识别率如图 4.4 所示。可以观察到,经过降维以后,两种算法识别率之间的差距缩小了,但是 TELM 的优越性仍然存在。并且随着 P 的增加,MPCA + ELM 和 MPCA + TELM 识别率不断增加,且二者之间的差距也在逐渐增加,这是由于提取的特征越多,保留的有用信息和冗余信息都在增多,因此会出现识别率增加,差距也在增加的情况。

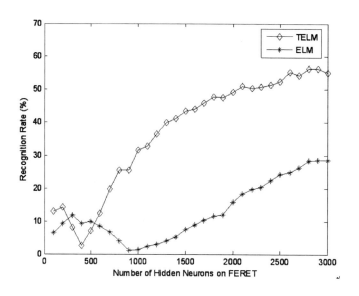

图 4.3 ELM 和 TELM 分类器随 L 变化的识别率

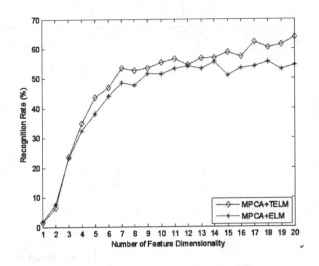

图 4.4　MPCA + ELM 和 MPCA + TELM 分类器随 L 变化的识别率

实验三采用了南佛罗里达大学发布的 HumanID 步态数据库,步态序列可视为三阶张量,各阶次分别对应于行、列和时间轴。在该数据库包含分属 71 类的 731 张样本,取每类前 4 张作为训练样本,其余用于测试。本实验验证四种不同分类器,NN、SVM、ELM 和 TELM 经过 MPCA 降维后的分类效果,其中 P 为降维后特征子空间的维数。ELM 和 TELM 的激活函数 g 为常用的 sigmoid 函数,隐含层节点数 $L = 1000$。最终识别率如图 4.5 所示。可以看出 TELM 和 ELM 的分类效果明显好于 NN 和 SVM,而保留了输入张量内部结构信息的张量型分类器 TELM 不仅具有极快的计算速度,也取得最佳的识别率。

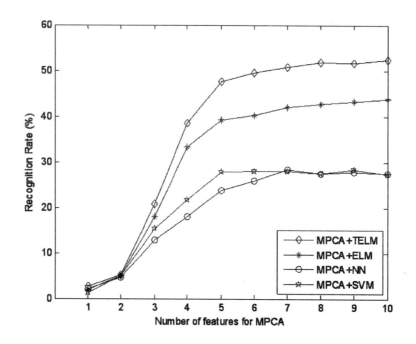

图 4.5　各分类器随着提取特征值个数 P 变化的识别率

4.4　本章小结

在本章中，考虑到 ELM 分类器的诸多优点，将向量型 ELM 分别扩展到二维和张量领域，得到了 2D－ELM 和 TELM 分类器，可直接对二阶张量（以灰度图像为主）和更高阶张量进行分类识别。在对所提出算法进行充分推导分析的基础上，采用了人脸和步态数据库对这两种分类器的分类效果进行了实验，不仅和传统向量型分类器 ELM 进行比较，经过 MPCA 降维以后,也和 NN、SVM 分类器进行了对比。2D - ELM 和 TELM 分类器在对二阶张量和高阶张量分类时,无需将输入样本向量化,既保留了样本张量内部的结构信息,提高了识别率,又显著减少了需计算的参数数量,提高了运算速度,在多次实验中 2D - ELM 和 TELM 都取得了最优的识别效果。另外在实验中发现,采用 MPCA 降维后,可以明显提高分类器的识别率,所以在模式识别过程中降维和分类是相辅相成,必不可少的。并且在数据库中样本数越多,样本越大,含有冗余信息越多的情况下,张量型 ELM 分类器相对向量型 ELM 分类器的优势就越明显。

5

多线性多秩回归分类算法
（MMRR）

第 5 章　　多线性多秩回归分类算法(MMRR)

5.1　引言

在第 4 章提出的张量型极限学习机分类器,是基于 Tucker 分解的张量型扩展,将投影向量 $\mathbf{w}$ 由一组投影向量 $\{\mathbf{u}^{(m)}, m = 1, \cdots, M\}$ 代替,通过式(4.13)的推导,TELM 算法可看做是 ELM 算法中当 $\mathbf{w} = \mathbf{u}^{(1)} \otimes \mathbf{u}^{(2)} \otimes \cdots \otimes \mathbf{u}^{(M)}$ 时的一个特例,其中式(2.29)中,$\mathbf{w}$ 含有$(I_1 I_2 \cdots I_M)$ 个参数,由于各向量 $\mathbf{u}_i^{(m)} \in \Re^{I_m}$,故$\{\mathbf{U}^{(m)}, m = 1, \cdots, M\}$ 含有$(I_1 + I_2 + \cdots + I_M)$ 个参数。

可看出,把向量型 ELM 扩展到张量型 TELM 过程中,所需计算的参数量大大减少,该张量型算法可看做经典向量型算法的一个特例。这种把向量型算法向张量型算法扩展的方法,采用的数学方法就是秩1张量分解,如式(2.10)所示,也有其他的线性子空间算法通过秩1分解扩展到张量型算法,譬如SVM到STM。在ELM算法中,输入权重 $\mathbf{w}$ 的值随机确定的,因此 $\{\mathbf{u}^{(m)}, m = 1, \cdots, M\}$ 的值也是随机确定,研究表明,ELM的输出对输入权重的变化不敏感,因此,对于ELM扩展到TELM,不仅可以大大减少计算量,还可以免去对样本的向量化,保留数据内部结构信息,提高识别率。但是并不是所有基于向量的传统线性变换方法采用秩1变换扩展到张量领域都只有优点而没有不足。以将线性分类算法SVM扩展到张量型的STM为例,通过秩1张量分解,SVM目标函数的变换向量满足 $\mathbf{w} = \mathrm{Vec}(\mathbf{u}\mathbf{v}^T)^{[48]}$,以 80×80 的二阶图像为例,采用SVM算法分类,$\mathbf{w}$ 含有6400个参数,而如果采用STM进行分类,则 $\mathbf{w}$ 仅仅由 $80 + 80 = 160$ 个参数来确定。然而在很多应用场合,特别是样本数据维数比较大的时候,对于一个 $\mathbf{X} \in \Re^{m \times n}$ 的样本来说,仅仅用 $m + n$ 个独立参数值来表示一含有 mn 个变量的样本张量,往往是不够的[95]。换言之,仅仅用 $m + n$ 个参数去表示包含 n 个变量的向量 $\mathbf{w}$ 是一个过于严苛的限制条件,该限制条件会使所建立的数学模型在处理矩阵数据和更高阶张量数据的时候缺乏灵活性,有可能出现较大的拟合误差,影响识别效果。从优化调整的角度来看,尽管STM可直接对张量型数据进行分类,由于受只有 $m + n$ 个参数的限制,STM的机动性和可调性劣于具有 mn 个可调参数的SVM。

为了克服 STM 算法灵活性不足的缺点，Hou C 等[49] 提出了一种改进算法 MRMLSVM，不同于 STM 只采用了两个变换向量 $\mathbf{u}$ 和 $\mathbf{v}$ 来对矩阵样本数据进行投影，该张量型分类方法采用了两组变换向量 $\{\mathbf{u}_j, j = 1, \cdots, k\}$ 和 $\{\mathbf{v}_j, j = 1, \cdots, k\}$ 对二阶张量数据进行投影，则算法中投影向量所含变量数目为 $k(m + n)$ 个，通过调整比例系数 k，使代表 $\mathbf{w}$ 的变量数量在 $(m + n)$ 和 mn 间适当取值，从而既实现了对张量数据的直接分类，保留其内部结构信息，又增加了投影向量中变量的个数，使算法具有更好的灵活度和适应性。这样一种在一定弹性范围内对向量型算法张量扩展的方法是基于张量多秩分解的计算，张量 $\mathcal{A}$ 的秩 R 分解计算如式（2.11）所示。基于张量多秩分解的张量型算法还有半监督特征提取算法 MFCU（Multiple Feature Correlation Uncovering）[96]，半监督分类算法 SSTC（Semi – supervised Two – dimensional Classification）[55] 等。

线性回归算法是常用的向量型分类算法之一[97][98]，关于它的数学模型在 2.4 节中已进行了详细地介绍。将传统线性回归分类器向张量领域扩展，往往也多采用秩 1 分解的方法，GBR 算法[51] 就是采用和 2DLDA 相同的二维扩展方法将一维线性回归扩展到二维领域。相比其他一些分类方法，线性回归分类器具有其独有的优势。线性回归作为一种有监督算法，将样本的类别信息参考进去，在分类的时候具有更多的判别信息，能获得更好的分类效果。除了用于分类以外，线性回归模型还常用于回归,对数据的线性回归分析是指确定两种或两种以上的变量间线性依赖关系的一种统计分析方法[99]。Hou C 等提出一种多秩线性回归方法(MRR)[53],采用一组左投影向量和一组右投影向量将 1DREG 扩展到二维领域,可直接对矩阵数据进行分类。随着适当调整参数 k,表示 $\mathbf{w}$ 的变量数量在 $(m+n)$ 和 mn 间变化,可看做 MRR 在分类能力和回归能力之间的调整,在实验中也都取得了良好的效果,遗憾的是,MMR 只针对二阶输入张量数据进行分类,不能用于更高阶的应用场合。

Rövid A 等[54]提出的 hrTRR 算法可看作线性回归数学模型的张量表示。通过将式(2.38)中的线性变换函数由输入张量数据 $\mathcal{X}$ 和变换张量 $\mathcal{W}$ 代替,即 $f(\mathcal{X}) = (\mathcal{X}, \mathcal{W})$。采用最小二乘法损失函数,1DREG 方法的张量扩展形式表示为:

$$\ell(\mathcal{W}, \mathbf{b}) = \sum_{l=1}^{L} \| (\mathcal{X}_l, \mathcal{W}) + \mathbf{b} - y_l \|_F^2 + \mu \| \mathcal{W} \|_F^2$$

$$(5.1)$$

优化的方向是最小化式(5.1),对变换张量 $\mathcal{W}$ 进行秩 1 分解展开,$\mathcal{W} = \mathbf{u}^{(1)} \circ \mathbf{u}^{(2)} \circ \cdots \circ \mathbf{u}^{(N)}$,则式(5.1) 可写为:

$$\ell(\{\mathbf{u}^{(1)}, u^{(2)}, \cdots, \mathbf{u}^{(N)}\} \sum_{l=1}^{L} \| \mathcal{X}_l \prod_{n=1}^{N} \times_n \mathbf{u}^{(n)} + \mathbf{b} - y_l \|_F^2$$
$$+ \mu \| \mathbf{u}^{(1)} \circ \mathbf{u}^{(2)} \circ \cdots \circ \mathbf{u}^{(N)} \|_F^2$$

$$(5.2)$$

再经过迭代的求解过程,根据优化准则依次求解出变换张量 $\mathcal{W}$ 所包含的向量 $\{\mathbf{u}^{(n)}\}_{n=1}^{N}$。

为了使 MRR 适用于更高阶次数据的分类问题,使 hrTRR

算法克服秩 1 分解参数有限的局限性,提高算法自由度,本章提出一种多线性多秩回归算法(Multilinear Multiple Rank Regression,MMRR),该算法基于张量的秩 R 分解运算,采用 k 组变换张量对输入张量进行线性回归计算,来代替单一变换变量 w,每一组变换张量中含有若干变换向量,将输入样本张量回归到其所属的类别中去。总之可以把 MMRR 看作是二维 MRR 的张量型扩展。

　　以 3 阶张量 $\mathcal{A} \in \mathfrak{R}^{I_1 \times I_2 \times I_3}$ 为例,图 5.1 显示了张量 $\mathcal{A}$ 经一维 1DREG 方法计算,得到该样本张量的类别信息。如图 5.1 所示,输入张量 $\mathcal{A}$ 向量化后得到长度为 $I_1 I_2 I_3$ 的向量 $\mathbf{a}$,再经一组各类别回归向量变换后,输出样本的类别信息 $\{y_r, r = 1, \cdots, C\}$,如果 y_r 为其中最大取值,则认为该样本张量 $\mathcal{A}$ 归为 r 类,C 为总的类别数目。

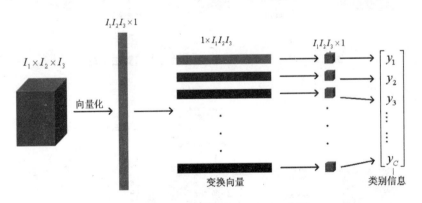

图 5.1　一维线性回归方法示意图

图 5.2 给出了基于秩 1 张量分解的 hrTRR 方法的算法结构图。由于是张量型的分类器，输入张量 $\mathcal{A}$ 无须向量化，3 组变换向量分别作用于张量的 1 模、2 模和 3 模展开，得到最终的类别信息输出。图 5.3 中显示了基于秩 R 分解的线性回归分类器的算法结构图。比较图 5.2 和图 5.3 可看出，图 5.2 中的各模对应的一组向量，在图 5.3 中由 k 组向量来代替，以增加算法计算过程中的参量数目，增加算法的灵活性和可调性。在 5.2 节中将详细介绍所提出的 MMRR 算法的计算过程。

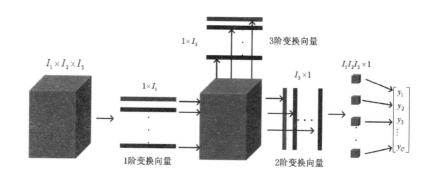

图 5.2　基于秩 1 分解的张量型线性回归算法示意图

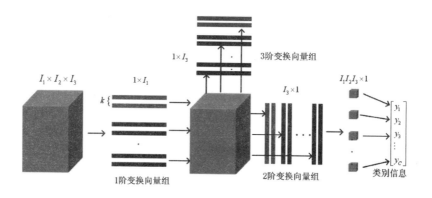

图 5.3　基于秩 R 分解的张量型线性回归算法示意图

5.2　MMRR 算法原理

在 MMRR 分类器中采用 k 组变换张量来代替 hrTRR 中线性回归计算式中的张量 $\mathcal{W}$，从而使每一组变换向量里都包含有多个向量，把输入张量回归到相应的类别信息中。具体推导计算公式如下。

5.2.1　算法推导过程

设一组 L 个样本张量 $\{\mathcal{X}_l, \mathcal{Y}_l\}_{l=1}^{L}$ 用于训练，其中各 N 阶张量表示为 $\mathcal{X}_l \in \mathfrak{R}^{I_1 \times I_2 \times \cdots I_N}$，各样本对应的类别信息 $\{y_l\}_{l=1}^{L} \in \mathfrak{R}^C$，$C$ 为总的类别数量。$y_l = [y_{l1}, y_{l2}, \cdots, y_{lC}]^T$，$r = 1, \cdots, C$，如果样本 $\mathcal{X}_l$ 归为第 r 个分类，则 $y_{lr} = 1$，向量 $\mathbf{y}_l$ 中的其他参数为 0。在关于 1DREG 方法介绍中，由式(2.39) 可看出，求解变换向量 $\mathbf{w}_r|_{r=1}^{C}$ 的训练过程可分为 C 个独立的过程。因此可独立计算第 r 类的 MMRR 分类器，目标为确定第 r 类的变换张量 $\mathcal{W}_r \in \mathfrak{R}^{I_1 \times I_2 \times \cdots \times I_N}$ 和偏置 $\mathbf{b} \in \mathfrak{R}^C$，求解的方法是使其误差公式最小化：

$$\ell(w_r, b_r) = \sum_{l=1}^{L} \| (\mathcal{X}_l, \mathcal{W}_r) + b_r - y_{lr} \|_F^2 + \mu \| w_r \|_F^2$$

$$= \sum_{l=1}^{L} (\langle \mathcal{X}_l, \mathcal{W}_r \rangle + b_r - y_{lr})^2 + \mu(\mathcal{W}_r^T \mathcal{W}_r) \qquad (5.3)$$

其中第一项为损失函数 $loss(\cdot)$，第 2 项为正则化函数 $\Omega(f)$。不同于 hrTRR 方法中，张量 $\mathcal{W}$ 只分解为一组向量的外积，在 MMRR 方法中关于第 r 类的分类计算，变换张量可分解为 k 组变换向量的外积。即 $\mathcal{W}_r$ 可分解为 k 个秩 1 张量：

$$\mathcal{W}_r = \sum_{i=1}^{k} \mathbf{u}_{ri}^{(1)} \circ \mathbf{u}_{ri}^{(2)} \circ \cdots \circ \mathbf{u}_{ri}^{(N)} = [\mathbf{U}_r^{(1)}, \mathbf{U}_r^{(2)}, \cdots, \mathbf{U}_r^{(N)}]$$

$$(5.4)$$

其中 $\mathbf{u}_{ri}^{(n)} \in \mathfrak{R}^{l_n}, \mathbf{U}_r^{(n)} = [\mathbf{u}_{r1}^{(n)}, \mathbf{u}_{r2}^{(n)}, \cdots, \mathbf{u}_{rk}^{(n)}] \in \mathfrak{R}^{l_n \times k}$，则式 (5.3) 又可以写为：

$$\mathfrak{L}(\{\mathbf{U}_r^{(1)}, \mathbf{U}_r^{(2)}, \cdots, \mathbf{U}_r^{(N)}\}, b_r) =$$

$$\sum_{l=1}^{L} \| \langle x_l, [\mathbf{U}_r^{(1)}, \mathbf{U}_r^{(2)}, \cdots, \mathbf{U}_r^{(N)}] \rangle + b_r - \mathbf{y}_{lr} \|_F^2 +$$

$$\mu \| [\mathbf{U}_r^{(1)}, \mathbf{U}_r^{(2)}, \cdots, \mathbf{U}_r^{(N)}] \|_F^2$$

$$(5.5)$$

通过以上分析，MMRR 算法的目标函数是求解 N 个投影矩阵 $\{\mathbf{U}_r^{(n)}\}|_{n=1}^{N}$，进而求解损失函数和正则化项。同其他的多线性算法一样，这 N 个矩阵的取值要采用迭代的方法逐个求解，同时，第 j 个投影矩阵 $\mathbf{U}_r^{(j)}$ 的求解要依靠其他矩阵 $\{\mathbf{U}_r^{(n)}\}|_{n=1,n \neq j}^{N}$ 的值来确定。

5.2.2 迭代优化过程

由于无法同时求解 N 个投影矩阵 $\{\mathbf{U}_r^{(n)}, n = 1, \cdots, N\}$，只

能采用迭代办法将其逐个求解,在多种多线性子空间算法中
也都采用了迭代优化的计算方法,如 MPCA、MDA、GTDA 等。
N 个投影矩阵逐个求解的同时,保持其他矩阵不变,直到逐个
求解出所有投影矩阵。重复该计算过程,直到满足收敛条件或
者达到最大循环次数。具体迭代求解过程如下。

　　对于第 r 个分类,在某一次迭代计算中,更新输入张量模 j
展开对应的投影矩阵 $\mathbf{U}_r^{(j)}$ 的取值,由于 $\mathbf{U}_r^{(j)}$ 取决于其他模展
开对应的矩阵,因此,求解 $\mathbf{U}_r^{(j)}$ 时要保持 $\{\mathbf{U}_r^{(n)}\}\mid_{n=1,n\neq j}^{N}$ 的值
不变的情况下最小化损失函数和正则项。根据式(2.11)至式
(2.14)的推导,可知变换向量 w_r 的模 n 展开矩阵可以表示为
$W_{r(n)} = \mathbf{U}_r^{(n)}(\mathbf{U}_r^{(-n)})^T$,则第 r 类的损失函数可表示为:

$$\langle \mathcal{X}_l, \mathcal{W}_r \rangle = \langle \mathbf{X}_{l(n)}, \mathbf{W}_{r(n)} \rangle = Tr(\mathbf{X}_{l(n)}\mathbf{W}_{r(n)}^T)$$

$$= Tr(\mathbf{X}_{l(n)}\mathbf{U}_r^{(-n)}\mathbf{U}_r^{(n)T}) = Tr(\mathbf{U}_r^{(n)T}\mathbf{X}_{l(n)}\mathbf{U}_r^{(-n)}) \qquad (5.6)$$

其中 $\mathbf{W}_{r(n)}$ 为变换张量 $\mathcal{w}_r$ 的模 n 展开矩阵,$\mathbf{U}_r^{(-n)}$ 为除了待求
矩阵 $\mathbf{U}_r^{(n)}$ 以外的其他变换矩阵的 Khatri - Rao 积,表示为:

$$\mathbf{U}_r^{(-n)} = \mathbf{U}_r^{(N)} \odot \cdots \odot \mathbf{U}_r^{(n+1)} \odot \mathbf{U}_r^{(n-1)} \odot \cdots \odot \mathbf{U}_r^{(1)}$$

$$(5.7)$$

正则化项可表示为:

$$\| \mathcal{w}_r \|_F^2 = \mathcal{w}_r^T \mathcal{w}_r = Tr(\mathbf{W}_{r(n)}\mathbf{W}_{r(n)}^T)$$

$$= Tr(\mathbf{U}_r^{(n)}\mathbf{U}_r^{(-n)T}\mathbf{U}_r^{(-n)}\mathbf{U}_r^{(n)T})$$

$$= Tr(\mathbf{U}_r^{(n)T}\mathbf{U}_r^{(n)}\mathbf{U}_r^{(-n)T}\mathbf{U}_r^{(-n)}) \qquad (5.8)$$

将式(5.6)和式(5.8)所表示的损失函数和正则化项组合在

一起,就得到了用矩阵形式表示的 MMRR 的目标函数,优化的方向是使目标函数最小化,从而求出 $\mathbf{U}_r^{(j)}$ 和对应的偏置值 b_r,式(5.3)可改写为:

$$
\begin{aligned}
\mathrm{argmin} L_j(\mathbf{U}_\mathbf{r}^{(\mathbf{j})}, b_r) &= \sum_{l=1}^{L} \| Tr(\mathbf{U}_r^{(j)^T} \mathbf{X}_{l(j)} \mathbf{U}_r^{(-j)}) + b_r - \\
&\quad y_{lr} \|_F^2 + \mu Tr(\mathbf{U}_r^{(j)^T} \mathbf{U}_r^{(j)} \mathbf{U}_r^{(-j)^T} \mathbf{U}_r^{(-j)}) \\
&= \sum_{l=1}^{L} (Tr(\mathbf{U}_r^{(j)^T} \mathbf{X}_{l(j)} \mathbf{U}_r^{(-j)}) + b_r - \\
&\quad y_{lr})^2 + \mu Tr(\mathbf{U}_r^{(j)^T} \mathbf{U}_r^{(j)} \mathbf{U}_r^{(-j)^T} \mathbf{U}_r^{(-j)})
\end{aligned}
$$

$$(5.9)$$

其中,$\mathbf{U}_r^{(j)} = [\mathbf{u}_{r1}^{(j)}, \mathbf{u}_{r2}^{(j)}, \cdots, \mathbf{u}_{rk}^{(j)}] \in \Re^{I_j \times k}$ 即为待求 $\mathcal{W}_r$ 的模 j 展开矩阵,式(5.9)表明,$\mathbf{U}_r^{(j)}$ 的取值由输入张量 $\mathcal{X}_l$ 的 n 模展开矩阵 $\mathbf{X}_{l(j)}$ 和除 $\mathbf{U}_r^{(j)}$ 以外的其他投影矩阵 $\mathbf{U}_r^{(-j)}$ 来确定。

设 $\mathbf{U}_r^{(-j)} = [\mathbf{u}_{r1}^{(-j)}, \mathbf{u}_{r2}^{(-j)} \cdots, \mathbf{u}_{rk}^{(-j)}] \in \mathbb{R}^{I_{(-j)} \times k}$,则 $\mathbf{u}_{ri}^{(-j)}$ 的计算式为:

$$
\mathbf{u}_{ri}^{(-j)} = \mathbf{u}_{ri}^{(1)} \otimes \cdots \otimes \mathbf{u}_{ri}^{(j+1)} \otimes \mathbf{u}_{ri}^{(j+1)} \otimes \cdots \otimes \mathbf{u}_{ri}^{(N)}
$$

$$(5.10)$$

其中 $i = 1, \cdots, k, j = 1, \cdots, N, I_{(-j)} = I_1 \times I_2 \times \cdots \times I_{j-1} \times I_{j+1} \times \cdots \times I_N$。

从而,式(5.9)又可以表示成:

$$
\begin{aligned}
\mathrm{argmin} L_j(\mathbf{U}_r^{(j)}, b_r) &= \sum_{l=1}^{L} (\sum_{i=1}^{k} \mathbf{u}_{ri}^{(j)^T} \mathbf{X}_{l(j)} \mathbf{u}_{ri}^{(-j)} + b_r - \\
&\quad y_{lr})^2 + \mu \sum_{i=1}^{k} (\mathbf{u}_{ri}^{(j)^T} \mathbf{u}_{ri}^{(j)} \mathbf{u}_{ri}^{(-j)^T} \mathbf{u}_{ri}^{(-j)})
\end{aligned}
$$

$$(5.11)$$

令

$$\hat{\mathbf{X}}_{lr}^{(j)} = \begin{bmatrix} \mathbf{X}_{l(j)}\mathbf{u}_{r1}^{(-j)} \\ \mathbf{X}_{l}(j)\mathbf{u}_{r2}^{(-j)} \\ \vdots \\ \mathbf{X}_{l(j)}\mathbf{u}_{rk}^{(-j)} \end{bmatrix} \in \mathfrak{R}^{I_{(j)}k \times 1} \tag{5.12}$$

$$\hat{\mathbf{U}}_{r}^{(j)} = \begin{bmatrix} \mathbf{u}_{r1}^{(j)} \\ \mathbf{u}_{r2}^{(j)} \\ \vdots \\ \mathbf{u}_{rk}^{(j)} \end{bmatrix} \in \mathfrak{R}^{I_{j}k \times 1} \tag{5.13}$$

$$\hat{\mathbf{U}}_{r}^{(-j)} = \begin{bmatrix} \mathbf{u}_{r1}^{(-j)} \\ \mathbf{u}_{r2}^{(-j)} \\ \vdots \\ \mathbf{u}_{rk}^{(-j)} \end{bmatrix} \in \mathfrak{R}^{I_{(-j)}k \times 1} \tag{5.14}$$

$$\hat{\mathbf{U}}_{r}^{(j)} = \hat{\mathbf{U}}_{r}^{(-j)T}\hat{\mathbf{U}}_{r}^{(-j)} \tag{5.15}$$

则式（5.11）可以改写为：

$$\operatorname{argmin}L_{j}(\hat{\mathbf{U}}_{r}^{(j)},b_{r}) = \sum_{l=1}^{L}(\hat{\mathbf{U}}_{r}^{(j)T}\hat{\mathbf{X}}_{lr}^{(j)} + b_{r} - y_{lr})^{2} +$$

$$\mu(\hat{\mathbf{U}}_{r}^{(j)T}\hat{\mathbf{U}}_{r}^{(j)}d_{r}^{(j)}) \tag{5.16}$$

设

$$\tilde{\mathbf{X}}_{r}^{j} = [\hat{\mathbf{X}}_{1r}^{(j)},\hat{\mathbf{X}}_{2r}^{(j)},\cdots,\hat{\mathbf{X}}_{Lr}^{(j)}]\mathfrak{R}^{I(j)k \times L}$$

$$\mathbf{y}_{r} = [y_{1r},y_{2r},\cdots,y_{Lr}] \in \mathfrak{R}^{1 \times L} \tag{5.17}$$

$$\mathbf{e} = [1,1,\cdots,1] \in \mathfrak{R}^{1 \times L} \tag{5.18}$$

$$\Lambda = \mathbf{I} - \frac{1}{L}\mathbf{e}^T\mathbf{e} \qquad (5.19)$$

则式(5.16) 又可以写为：

$$\mathrm{argmin}L_j(\mathbf{U}_r^{(j)}, b_r) = (\hat{\mathbf{U}}_r^{(j)T}\tilde{\mathbf{X}}_r^{(j)} + b_r\mathbf{e} - \mathbf{y}_r)(\hat{\mathbf{U}}_r^{(j)T}\tilde{\mathbf{X}}_r^{(j)} +$$
$$b_r\mathbf{e} - \mathbf{y}_r)^T + \mu(\hat{\mathbf{U}}_r^{(j)T}\hat{\mathbf{U}}_r^{(j)}d_r^{(j)})$$

$$(5.20)$$

将 $\tilde{\mathbf{X}}_r^{(j)}, \Lambda_r^{(j)}$ 保持不变，令 $L_j(\hat{\mathbf{U}}_r^{(j)}, b_r)$ 关于 $\hat{\mathbf{U}}_r^{(j)}$ 和 b_r 的一阶偏导取 0，从而求得使 $L_j(\hat{\mathbf{U}}_r^{(j)}, b_r)$ 最小化的极值，可得到：

$$\hat{\mathbf{U}}_r^{(j)} = [\tilde{\mathbf{X}}_r^{(j)}\Lambda\tilde{\mathbf{X}}_r^{(j)T} + \mu d_r^{(j)}]^{-1}\tilde{\mathbf{X}}_r^{(j)}\Lambda\mathbf{y}_r^T$$

$$(5.21)$$

$$b_r = \frac{1}{L}(\mathbf{y}_r - \hat{\mathbf{U}}_r^{(j)T}\tilde{\mathbf{X}}_r^{(j)})\mathbf{e}^T \qquad (5.22)$$

随着 $j = 1, \cdots, N$，通过计算式(5.21) 和式(5.22)，经过多次迭代计算直达到循环结束条件，输出最终 $\hat{\mathbf{U}}_r^{(j)}|_{r=1}^C$ 和 $\mathbf{b}_r$，再根据 $\hat{\mathbf{U}}_r^{(j)}|_{r=1}^C$，$\mathbf{U}_r^{(j)}|_{r=1}^C$ 和 $\mathcal{W}_r|_{r=1}^C$ 之间的关系，可根据 $\hat{\mathbf{U}}_r^{(j)}|_{r=1}^C$ 轻松求解出第 r 类的变换张量 $\mathcal{W}_r$。

关于 MMRR 算法的详细分析如上所述，其计算流程如算法 5.1 所示：

算法 5.1：MMRR 分类算法流程

输入：一组 N 阶张量 $\{\mathcal{X}_l \in \mathfrak{R}^{I_1 \times I_2 \times \cdots \times I_N}, l = 1, \cdots, L\}$，样本对应的类别信息 $\mathbf{y} \in \mathfrak{R}^{1 \times L}$，调节参数 μ，每组变换向量个数 k。

输出：每类的变换张量 $\mathcal{W}_r |_{r=1}^C$，偏置项 $\mathbf{b} \in \mathfrak{R}^C$。

算法：

局部寻优迭代计算：

for $r = 1$ to C do（C 为总的类别数量）

　　初始化矩阵 $\{\hat{\mathbf{U}}_r^{(j)}\} |_{j=1}^N$，计算 $\mathbf{y}_r,\mathbf{e}$ 和 Λ。

　　　for $p = 1$ to P do（P 为最大循环次数）

　　　for $j = 1$ to N do（N 为张量样本最高阶数）

　　　　（1）计算式（5.16）中的 $\tilde{\mathbf{X}}_r^{(j)}$；

　　　　（2）计算式（5.21）中的 $\hat{\mathbf{U}}_r^{(j)}$，其中 $\hat{\mathbf{U}}_r^{(-j)}$ 的值由第

　　　　　$k - 1$ 次循环中计算得到。

　　　end for

　　　如果算法达到收敛条件 $\dfrac{\| \mathcal{W}^p - \mathcal{W}^{(p-1)} \|}{\| \mathcal{W}^{(p-1)} \|} \leqslant \varepsilon$，或

　　　者达到最高循环次数 P，跳出循环并输出当前投

　　　影矩阵 $\hat{\mathbf{U}}_r^{(j)} |_{j=1}^N$，并根据式（5.22）计算出 b_r。

end for

根据最终求解的 $\hat{\mathbf{U}}_r^{(j)}\mid_{j=1}^{N}$ 来计算 $\mathcal{W}_r$。

end for

经过算法 5.1 计算，得到各类别变换张量 $\mathcal{W}_r\mid_{r=1}^{C}$，设输入一测试张量 $\mathcal{Y} \in \mathfrak{R}^{I_1 \times I_2 \times \cdots \times I_N}$，将其代入每一类线性回归计算式中，即：

$$\mathbf{y} = \{\langle \mathcal{Y}, \mathcal{W}_r \rangle + b_r\}\mid_{r=1}^{C} \qquad (5.23)$$

输出类别信息向量 $\mathbf{y} \in \mathfrak{R}^C$，取向量 $\mathbf{y}$ 中的最大值，如果存在：

$$y_c = \mathrm{argmax}_r\{\langle \mathcal{Y}, \mathcal{W}_r \rangle + b_r\}\mid_{r=1}^{C} \qquad (5.24)$$

则可判定测试样本属于 $\mathcal{Y}$ 第 c 类别。

同其他需要多次迭代计算的多线性算法一样，MMRR 分类算法也面临诸如迭代优化过程中初始化条件的选择，收敛性的判断，循环结束条件，μ 和 k 参数如何设定等问题，这些问题直接关系到算法能否正确地执行，本章将在 5.3 节中对这些问题逐个进行分析。

5.3　MMRR 算法先决条件分析

在本节中将讨论 MMRR 算法的一些先决条件问题,包括该方法的收敛性、初始化条件、计算量和参数确定问题,这些问题都对算法的运行效果和完备性具有重要影响。

5.3.1　MMRR 算法的收敛性

由 5.2 节关于 MMRR 算法的详细描述可知,每一分类中的线性回归运算都是独立进行的,因此可以以第 r 类中的回归分类公式的计算过程为例来分析该算法的收敛性。由算法5.1的流程介绍可知,MMRR 通过迭代优化过程求解,对一个 N 阶张量进行分类判别时,需要逐次计算出 N 个变换矩阵 $\{\hat{\mathbf{U}}_r^{(j)}, j = 1, \cdots, N\}$ 来确定最终变换张量 w_r。其中求解 $\hat{\mathbf{U}}_r^{(j)}$ 时,需要保持其他变换矩阵 $\{\hat{\mathbf{U}}_r^{(j)}, j = 1, \cdots, N, j \neq r\}$ 不变,依据式(5.21)进行计算,优化目标是使式(5.20)误差函数最小。可知 $\hat{\mathbf{U}}_r^{(j)}$ 的值由另外 $N - 1$ 个变换矩阵的值优化确定,而 $\{\hat{\mathbf{U}}_r^{(j)}, j = 1,$

$\cdots,N,j \neq r\}$ 的值由前 $p-1$ 次的迭代运算得到。经过 N 次迭代运算，得到 N 个变换矩阵，再经过 P 次循环运算，使 N 个变换矩阵 $\{\hat{\mathbf{U}}_r^{(j)}, j = 1, \cdots, N\}$ 达到最优，优化的方向就是使式(5.3)、式(5.9)和式(5.11)中的误差函数取到最小值，这3个公式是等价的。

由于 MMRR 中每一类的线性回归计算的优化方向都是一致的，就是使由损失函数和正则化项组成的误差函数最小，因此随着每一次迭代和循环计算，目标函数取值都是单调递减的。以第 r 分类中式(5.11)的计算结果为例，则第 p 次循环计算的目标函数的值大于第 $p+1$ 次循环所得到的值，可表示为：

$$\sum_{l=1}^{L} \left(\sum_{i=1}^{k} \mathbf{u}_{ri}^{(j,p+1)T} \mathbf{X}_{l(j)} \mathbf{u}_{ri}^{(-j,p)} + b_r^{(p+1)} - y_{ly} \right)^2$$
$$+ \mu \sum_{i=1}^{k} \left(\mathbf{u}_{ri}^{(j,p+1)T} \mathbf{u}_{ri}^{(j,p+1)} \mathbf{u}_{ri}^{(-j,p)T} \mathbf{u}_{ri}^{(-j,p)} \right)$$
$$\leqslant \sum_{l=1}^{L} \left(\sum_{i=1}^{k} \mathbf{u}_{ri}^{(j,p)T} \mathbf{X}_{l(j)} \mathbf{u}_{ri}^{(-j,p)} + b_r^{(p)} - y_{lr} \right)^2$$
$$+ \sum_{i=1}^{k} \left(\mathbf{u}_{ri}^{(j,p)T} \mathbf{u}_{ri}^{(j,p)} \mathbf{u}_{ri}^{(-j,p)T} \mathbf{u}_{ri}^{(-j,p)} \right) \qquad (5.25)$$

或者可简单表示为：

$$\mathcal{L}\left(\mathcal{W}_r^{p+1}, b_r^{(p+1)} \right) \leqslant \mathcal{L}\left(\mathcal{W}_r^{(p)}, b_r^{(p)} \right) \qquad (5.26)$$

随着 P 次循环计算，误差函数的取值逐渐减少趋近于极限值，MMRR 方法的优化过程为取值存在下限的单调递减函数,则可判定MMRR算法收敛。在5.4节的关于MMRR的收敛性实验中,可以观察到该算法能够良好地收敛,只是收敛所需的循环结算次数 p 不确定,会受到样本大小、数量的影响。

5.3.2　MMRR 算法的初始化条件和计算量比较

由算法5.1的流程图可看出,每类待求的变换矩阵 $\{\hat{\mathbf{U}}_r^{(j)}$, $j = 1, \cdots, N\}$ 需要进行初始化,这也是采用优化迭代求解的多线性算法普遍都要面对的问题。在 3.4.1 节实验中,针对GTDA算法的初始化问题,验证了常用的三种不同初始化方法(伪确定矩阵、随机和FPT)对GTDA算法运行结果的影响。实验表明,GTDA算法对初始化方法的选择不敏感,但是,并不是所有的张量型多线性方法对初始化方法的选择都不敏感。

由于 MMRR 是用于分类的算法,无须确定提取的信息比例,因此 FPT 初始化方法不适用于 MMRR。伪确定矩阵的初始化方法指的是采用有固定取值的矩阵来对待求矩阵赋值,如全 1 矩阵、对角阵。在2DLDA算法中,采用了确定矩阵 $\mathbf{U} = \left[I_{l_2 \times l_2}, 0_{l_2 \times (n-l_2)} \right]^T$ 进行初始化,其中 l_2 为降维后空间的二阶维数。在 GBR 算法中采用矩阵 $\left[1, 0_{1 \times(n-1)}\right]^{T}$ 初始化，而 MRR 算法采用的初始化矩阵为 $\left[I_{k \times k}, 0_{k \times(n-k)}\right]^{T}$，这些都是属于确定矩阵。随机初始化方法则是待求矩阵初始赋值为随机的，如均匀随机分布(范围从 0 至 1)、标准正态分布等。在 GBR 和 MRR 算法中，若采用随机矩阵初始化的话，要求其各列向量取值之间不相关，保持正交。在5.4.2节实验中，在采用全1矩阵和随机的两种不同初始化方法情况下，观察对 MMRR 算法的影响。

接下来将比较一维回归算法 1DREG、二维回归算法 GBR、二维多秩回归算法 MRR 和多线性多秩回归算法 MMRR 之间的计算量。在这一类算法中，最耗时的过程为计算最小二乘损失函数和正则化项，计算量与数据维数的平方成正比，即 $O(D^{2})$。以一组矩阵样本 $\mathbf{X}_{i} \in \Re^{m \times n}$ 为例，采用1DREG对其进行分类计算，则需将 $\mathbf{X}_{i}$ 向量化为 $\mathbf{x}_{i} \in \Re^{mn \times 1}$，计算量正比于 $O(C(m^{2}n^{2}))$，其中 C 为样本总类别数。若采用二维 GBR 对样本分类，由于该算法同样需要迭代计算，设最终计算循环次数为 p，则其计算量正比于 $O(pc(m^{2}+n^{2}))$。而采用张量多秩分解的二维 MMR 算法，左右变换向量各由 k 组向量组成，它们的参数数量分别为 mk 和 nk 再经过 p 次迭代计算，则其计算量正比于。对于MMRR算法，处理二阶矩阵数据时，相当于 MRR

算法,则计算量也正比于 $O(pc(m^2 + n^2)k^2)$,当对高阶张量数据 $\mathcal{X}_i \in \mathfrak{R}^{I_1 \times I_2 \cdots \times I_N}$ 进行分类时,计算量正比于 $O(pC(I_1^2 + I_2^2 + \cdots + I_N^2)k^2)$。一般情况下,重复次数 p 和 k 都远远小于 $\min\{m, n\}$,因此,多秩算法的计算量小于一维算法 1DREG,而所需计算参数最少的是 GBR,但也因为自由参数太少,会带来较大的拟合误差。按照计算量大小排列,各算法之间的顺序为 GBR $\leqslant$ MMRR $<$ 1DREG。

5.3.3　MMRR 算法中各参数的确定

在 MMRR 算法中,共有 3 个重要的参数需要讨论和选择。第一个是与正则化项相乘的参数 μ,第二个是输入张量进行多秩分解中秩的个数 k,第三个是将张量数据沿某一模矩阵展开进行计算的第 j 模,这 3 个参数在式(5.9)至式(5.22)中的算法推导中都反复出现。如文献[100] 中所述,在采用迭代优化的张量型算法领域中,关于算法中参数的确定仍是一个开放的课题。因此,在本章中采用实验和数学分析相结合的方法来确定这 3 个参数的合适取值。

对于参数 μ,由回归原理公式式(5.3)可看出,该参数承担了调节回归项和正则项之间平衡的角色。当 μ 取过大值的时候，则相当于忽略了原公式对于回归计算的需求，而当 μ 取过小值时，则会由于正则化项的修正作用太弱，使原公式计算中出现过拟合的情况。在 5.4.3 节的实验中，令参数 μ 取值在 $1 \sim 100$ 之间变化，对于最终的计算结果并没有影响，说明在 MMRR 算法对值变化不敏感。

参数 k 代表了 MMRR 算法中多秩分解中秩的数量，它决定了输入张量数据各模对应的变换向量组中向量的个数。k 可看作是算法在控制拟合误差和计算量之间的平衡值，k 值增加，则拟合误差减少，计算量增加，反之，误差增大，计算量减小。当 $k = 1$ 时，二阶 MMRR 相当于 GBR 算法，设输入二阶张量 $\mathbf{X} \in \Re^{l_1 \times l_2}$，则该算法拥有的可调节变量数为 $I_1 + I_2$，由于自由变量过少，则会造成算法出现较大的拟合误差。

根据式（5.6）和式（5.9）可知，MMRR 的目标函数是使 $Tr(\mathbf{U}_r^{(j)^T}\mathbf{X}_{l(n)}\mathbf{U}_r^{(-j)})$ 最小化，由式（4.4）推导可知：

$$
\begin{aligned}
Tr(\mathbf{U}_r^{(j)^T}\mathbf{X}_{l(n)}\mathbf{U}_r^{(-j)}) &= Tr(\mathbf{X}_{l(j)}\mathbf{U}_r^{(-j)}\mathbf{U}_r^{(-j)^T}) \\
&= Tr((\mathbf{U}_r^{(j)}\mathbf{U}_r^{(-j)^T})^T\mathbf{X}_{l(j)}) \\
&= (Vec(\mathbf{U}_r^{(j)}\mathbf{U}_r^{(-j)^T}))^T Vec(\mathbf{X}_{l(j)})
\end{aligned}
$$

$$(5.27)$$

其中，$\mathbf{U}_r^{(j)} = [\mathbf{u}_{r1}^{(j)}, \mathbf{u}_{r2}^{(j)}, \cdots, \mathbf{u}_{rk}^{(j)}] \in \Re^{l_j \times k}$，$\mathbf{u}_r^{(-j)} = [\mathbf{u}_{r1}^{(-j)},$

$\mathbf{u}_{r2}^{(-j)} \cdots, \mathbf{u}_{rk}^{(-j)}] \in \mathfrak{R}^{I_{(-j)} \times k}, I_{(-j)} = I_1 \times I_2 \times \cdots \times I_{j-1} \times I_{j+1} \times \cdots \times I_N$，则 $Vec(\mathbf{U}_r^{(j)} \mathbf{U}_r^{(-j)^T})$，$Vec(\mathbf{X}_{l(j)}) \in \mathfrak{R}^{I_1 I_2 \cdots I_N \times 1}$。

当 $k = \min(I_1, I_2, \cdots, I_N)$ 时，$\mathbf{U}_r^{(j)} + \mathbf{U}_r^{(-j)}$ 所包括的变量数已接近一维回归算法 1DREG 中的变换向量 $\mathbf{w}$ 所含的自由变量数，因此 1DREG 等效于具有最大 k 值的 MMRR 算法，同时也具有最小的拟合误差，但是由于 k 值取值过大，计算量大大增加。选取合适的 k 值对于 MMRR 分类器十分重要，在满足分类效果要求的同时，尽可能减小 k 值，以保持合适的计算量。在 5.4.3 节的实验中将对此详细分析。

在 MMRR 算法的推导过程中，为了严格推导待求变换向量 w 的求解式，将输入张量 x_l 沿其某一模展开成矩阵，表示为 $\mathcal{X}_{l(j)}$，则其对应的 k 个变换向量组成的变换组为 $\mathbf{U}_r^{(j)}$ 和 $\mathbf{U}_r^{(-j)}$，在式(5.6) 至式(5.22) 中均有体现。对于二阶输入张量而言，j 的取值可选 1 和 2;对于三阶输入张量，j 的取值可选 1，2 和 3;对于四阶输入张量，j 的取值可选 1，2，3 和 4，依次类推。对于同一输入张量数据，j 值在范围内取不同值时，所对应的变换张量 w 是不同的，其对最终分类结果的影响通过 5.4.4 节的实验来进行分析。

5.4 实验结果分析

在关于 MMRR 算法的实验分析中，分为以下几个部分：一、关于算法收敛性的实验分析；二、关于不同初始化方法对算法的影响分析；三、关于参数 μ,k,j 取值不同对 MMRR 分类性能的影响分析；四、关于 MMRR 分类器在不同数据库中与相关分类算法分类性能的比较。采用的数据库有人脸库 ORL 库、FERET、AR，以及数字库 Usps 和 Mnist。

5.4.1 收敛性分析

由 5.3.1 节的数学分析可知，MMRR 在迭代计算过程中，计算结果为单调下降的趋势并且存在下限，因此可判定该算法收敛。在本节实验中先选用 ORL 库中前 5 类共 50 张大小为 112×92 的人脸图像作为实验对象。

根据算法 5.1 中的描述，判定 MMRR 收敛的条件是 $\dfrac{\parallel \mathcal{W}^p - \mathcal{W}^{(p-1)} \parallel}{\parallel \mathcal{W}^{(p-1)} \parallel} \leqslant \varepsilon$ 或者达到最大循环次数 P，其中 $\mathcal{W}^p$ 是第

p 次循环计算得到的变换张量，而 W^{p-1} 是第 $(p-1)$ 次循环（即前一次循环）计算得到的变换张量，ε 为设置的微小门限值。

当多次循环计算后，变换张量 W 的值不再改变，则可判定循环结束，得到最终的 W。根据线性回归原理，每一类别样本的变换张量是分别计算的。

根据式（5.21），计算出各类对应的矩阵 $\hat{\mathbf{U}}_r^{(j)}|_{r=1}^C$，进而得到 $\mathbf{U}_r^{(j)}|_{r=1}^C$ 和 $W_r|_{r=1}^C$，说明当各类别变换矩阵 $\hat{\mathbf{U}}_r^{(j)}|_{r=1}^C$ 取值在循环中保持不变的时候，$W_r|_{r=1}^C$ 就达到了收敛条件。再根据式（5.22）可知，b_r 的值由 $\hat{\mathbf{U}}_r^{(j)}|_{r=1}^C$ 和 $\tilde{\mathbf{X}}_r^{(j)}$ 计算得到，而由式（5.12）和式（5.16）可知，$\tilde{\mathbf{X}}_r^{(j)}$ 由输入样本沿模 j 展开矩阵 $\mathbf{X}_{l(j)}$ 和 $\mathbf{u}_{ri}^{(-j)}|_{i=1}^k$ 唯一确定，因此，当第 p 次循环计算得到的 b_r^p 值和第 $p-1$ 次循环计算得到的 $b_r^{(p-1)}$ 值相同时，同样能说明第 p 次和第 $p-1$ 次循环计算得到的 $\hat{\mathbf{U}}_r^{(j)}|_{r=1}^C$ 保持不变，使 $W_r|_{r=1}^C$ 达到收敛条件。

在实验中，$b_r^p = b_r^{(p-1)}$ 以为收敛判别标准，MMRR 算法中初始化方式为全 1 矩阵，各参数取值分别为：$k=2, \mu=10$，以及 $j=1$。表 5.1 列出了在 ORL 库中分属于 5 类的图像数据，列出 8 次循环计算后的 $b_r|_{r=1}^5$ 的值，观察各类别样本在第几次循环计算时收敛，其中 r 代表类别数，p 代表第几次循环计算。由

表 5.1 中可看出,各类的都是独立计算的,$b_r\,|_{r=1}^5$ 互不相同,也无规律可言,但是每类中的取值都呈现出收敛的趋势,达到收敛所需要的循环计算次数也不尽相同。第 1、第 3、第 5 类的值都在第 6 次循环计算后达到收敛,而第 2 类和第 4 类样本的参数分别在第 4 次和第 5 次循环计算中达到收敛。表 5.1 的数据表明 MMRR 算法具有良好的收敛性,并且各类别样本的回归计算独立进行,各类中的计算结果具有较大差异。

表 5.1　5 类 ORL 图像 8 次循环计算所得 b_r 值

r/p	1	2	3	4	5	6	7	8
1	-1.1047	-0.46409	-0.59056	-0.61826	-0.62427	-0.62622	-0.62622	-0.62622
2	1.6358	1.2365	1.3188	1.3218	1.3205	1.3205	1.3205	1.3205
3	0.0204	0.5159	0.4862	0.4232	0.4244	0.42101	0.42101	0.42101
4	0.5759	0.1511	0.1754	0.27133	0.32903	0.32903	0.32903	0.32903
5	-0.1272	-0.40727	-0.30286	-0.29504	-0.29254	-0.29218	-0.29218	-0.29218

如 5.3.3 小节中关于参数 k 值的分析可知,增加 k 可以减少拟合误差,改善分类效果,但是同时计算量也会明显增加,同样,k 值的变化对算法的收敛性也会带来一定影响。选择 ORL 库中分属于 10 类的 100 张图像,保持其他参数不变,计算各类在 $k=2,3,4$ 时,各类中参数 b_r 的值需要几次循环计算才能收敛,结果在表 5.2 中列出。由表 5.2 可看出,由于总样本数据的增加,相比表 5.1 中的实验结果,在 $k=2$ 时,各类中算法

收敛所需的循环次数都略有增加,并且随着 k 值的增加,各类达到收敛条件所需循环次数也增加,说明当总的输入样本或者所需计算参数增加(k 值增加),都会使算法运行经过更多次循环计算才能达到收敛。尽管所需循环次数 p 和 k 都有增加,相对图像 112×92 的维数来说(即 $m = 112, n = 92$),p 和 k 都远远小于 $\min(m, n)$,后续实验表明,一般情况下 p 和 k 的取值范围为 $p \leqslant 20, k \leqslant 3$,因此 MMRR 的运算量仍明显优于 1DREG。

另外随着样本数量和 k 值变化,收敛所需的循环次数也会相应改变,给预先设定最大循环次数带来了困难,因此,不设定最大循环次数,选择 $b_r^p = b_r^{(p-1)}$ 为收敛判决依据更加合理。

表 5.2　10 类 ORL 图像样本不同 k 值情况下收敛所需循环计算次数

k/r	1	2	3	4	5	6	7	8	9	10
2	7	5	7	6	8	5	7	6	7	6
3	9	7	8	7	10	8	8	8	9	8
4	10	9	9	10	11	8	10	9	11	8

初始化条件的选择和 j 值的变化也会影响到算法的收敛情况。同样选取 ORL 数据库中 5 类 50 张图像,在 $k = 2, j = 1$, $\mu = 10$ 时,采用随机的初始化方式,在每次循环计算中得到的 b_r 值如表 5.3 所示。另外,为了分析 j 值变化对算法收敛性的影响,令 $j = 2, k = 2, \mu = 10$,全 1 初始化方式,得到的 b_r 值如表

5.4 所示。

将表 5.3 和表 5.4 与表 5.1 相比较可看出，对于相同的样本数据，初始化方法和参数 j 的改变，算法运行得到的 b_r 值和最终的收敛值，以及各类收敛时所需的循环次数均不尽相同，说明初始化方法的选择和参数 j,k 都会影响 MMRR 算法的计算，对于分类效果的具体影响将在 5.4.4 节的实验中进行分析。另外，为了分析参数 μ 对算法的影响，在和表 5.1 中同样的实验条件下，令 μ 分别取值 1,20,40,80，得到的计算结果和表 5.1 中的数值相同，说明参数 μ 取值在一定范围内调整对 MMRR 算法的计算影响不明显。

表5.3　随机初始化条件下5类ORL图像8次循环计算所得 br 值

r/P	1	2	3	4	5	6	7	8
1	-1.3887	0.97742	1.2698	1.5952	1.5952	1.5952	1.5952	1.5952
2	0.1631	-0.08847	-0.13938	1.8195	1.116	1.1198	1.1198	1.1198
3	-0.0961	-0.00959	0.08662	0.73701	0.19912	0.19912	0.19912	0.19912
4	0.2335	0.90288	0.64018	0.42099	0.42099	0.42099	0.42099	0.42099
5	-0.7351	0.84313	1.5997	1.551	1.551	1.551	1.551	1.551

表5.4　$j=2$ 条件下5类ORL图像8次循环计算所得值

r/P	1	2	3	4	5	6	7	8
1	-0.2163	-0.16358	-0.16109	-0.15908	-0.15908	-0.15908	-0.15908	-0.15908
2	0.4866	0.44311	0.42296	0.4272	0.42778	0.42778	0.42778	0.42778
3	3.7546	2.4477	2.6514	2.6261	2.6242	2.6242	2.6242	2.6242
4	2.9268	1.2918	1.1897	1.0608	1.0608	1.0608	1.0608	1.0608
5	-5.9517	-4.219	-3.9369	-3.88	-3.8722	-3.8722	-3.8722	-3.8722

5.4.2　不同初始化方法对算法分类性能的影响

在本节中采用不同的初始化方法对 MMRR 算法进行初始化，拟采用全 1 矩阵随机初始化方法。其中全 1 矩阵的取值全为 1，随机矩阵是标准正态分布矩阵。选用的数据库为数字库 Usps 和 Mnist，从各类数据中随机选取 8 个样本用于训练，其他数据用于测试，最终实验结果为 20 次重复实验结果的平均值。在图 5.4 中分别显示了 GBR 和 MMRR 算法，采用两种不同初始化方法时最终的识别率。其中，GBR 等效为 $k = 1$，阶数为 2 时的 MMRR 算法，MMRR 中各参数取值为 $k = 3, j = 1$，$\mu = 10$。由图 5.4 可以观察到，GBR 和 MMRR 算法在分别采用全 1 矩阵和随机矩阵初始化条件下，得到的最终结果不尽相同。这是由于待求投影矩阵初始赋值不同，在线性回归的计算中使每次的迭代计算后取值也不同，导致不同初始化条件下得到的识别率也不相同。在表 5.3 和表 5.1 中，不同初始化情况下的计算取值也不同。虽然不同初始化情况下，得到的识别率不同，但也可以看出，这种差距并不明显，初始化条件的选择对算法最终结果不起决定性作用。在后续的实验中选用全 1 矩阵对需要优化迭代计算的方法进行初始化。

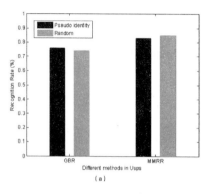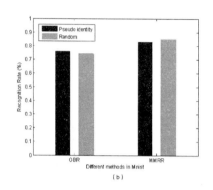

（a）Usps 库中识别结果；（b）Mnist 库中识别结果

图 5.4 不同初始化方法对 GBR 和 MMRR 识别率的影响

5.4.3 参数变化对算法分类性能的影响

在 *MMRR* 算法中，涉及的参数有 k, μ, j。其中参数 k 表示对输入张量的每一模，采用 k 组向量进行投影，从而使可调参数数量达到 $k(I_1 + I_2 + \cdots + I_N)$ 个，其中 $(I_1, I_2, \cdots, I_N)$ 为输入张量各阶次的维数。k 值可看作算法控制拟合误差和计算量之间的调节，取值范围为 $1 \leqslant k \leqslant min(I_1, I_2, \cdots, I_N)$。GBR 算法相当于 $k = 1$ 时的 *MMRR*，随着 k 值的增加所需计算的参数在增加，则算法的拟合误差在减少，可以达到更好的分类效果。在关于 k 值变化对 *MMRR* 分类性能影响的实验中选用 *Usps* 和 *Mnist* 数据库，从各类数据中随机选取 8 个样本用于训练，其他数据用于测试，最终实验结果为 20 次重复实验结果的平均值。实验中,k 值分别取 1,2,3,4,最终结果如图 5.5 所示。

可以看出,随着 k 值的增加,*MMRR* 算法的识别率也在逐渐增加。其中k = 1 和 k = 2 之间的分类效果差距最大,在两个数据库中都达到了 10% 左右,体现了在张量型算法中采用多秩分解的优越性和必要性。另外,从 k = 2 时到 k = 3 时识别率的进步也较为明显,在 *Usps* 库和 *Mnist* 库中分别提高了 0.035 和 0.02,这是由于所计算参数的进一步增加,使拟合误差减小,识别率得到进一步提高,但是增幅已经小于 k = 1 与 k = 2 之间识别率的增幅。k = 4 与 k = 3 之间的识别率基本持平,说明持续增加 k 值,并不会使算法识别率一直提高,反而会增大计算量。综上所述,在运算量和识别率之间权衡,在本章实验中,k = 2 或者 k = 3 都是合适的取值,继续增大 k 值,只会带来过大的计算量。

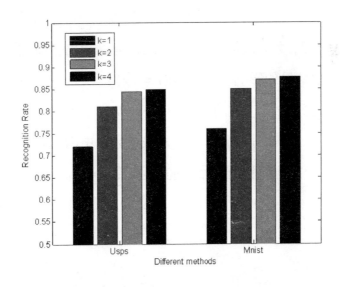

图 5.5　不同 k 值对 *MMRR* 识别率的影响

在 *MMRR* 算法的推导过程中，$\mathbf{X}_{l(j)}$ 表示将输入张量 $\mathcal{X}_l$ 沿某一模展开成矩阵，对应的 k 个变换向量组成的变换矩阵则为 $\mathbf{U}_r^{(j)}$ 和 $\mathbf{U}_r^{(-j)}$，在式（5.6）至式（5.22）中均有体现。对于二阶输入张量而言，j 的取值可选 1 和 2；对于三阶输入张量，j 的取值可选 1，2 和 3；对于四阶输入张量，j 的取值可选 1，2，3 和 4，依次类推。表 5.1 和表 5.4 分别为 ORL 库中二阶人脸图像样本在 $j = 1$ 和 $j = 2$ 时计算取值，可以看出，不同 j 值条件下计算得到的值并不相同，说明对于同一组输入张量数据，j 值在范围内取不同值时，所对应的变换张量是不同的。通过在不同数据库中取不同 j 值条件下，观察 j 值选取对最终分类结果的影响。

选用 Usps 和 Mnist 数据库，从各类数据中随机选取 8 个样本用于训练，其他数据用于测试，最终实验结果为 20 次重复实验结果的平均值。由于样本图像为二阶张量，在实验中，j 值分别取 1，2，最终结果如图 5.6 所示。可以看出，j 值的改变对最终识别结果的影响不明显，在 $j = 1$ 和 $j = 2$ 时得到的识别率很接近。这是由于 j 值的变化，只是改变了张量沿某一模展开矩阵中，各元素的排列顺序，但是张量数据中的元素取值并没有改变。为简便起见，在后续的实验中令 $j = 1$。

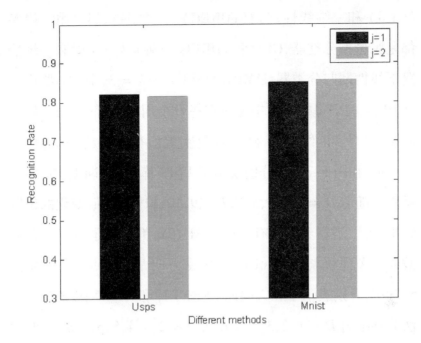

图 5.6　不同 j 值对 MMRR 识别率的影响

关于参数值,在 5.4.3 节的实验中,已经表明 MMRR 算法对值变化不敏感,在后续实验中令 $\mu = 10$。

5.4.4　MMRR 分类器的分类性能

在对 MMRR 分类器的分类性能的实验中选用 4 个数据库,即人脸数据库 FERET 和 AR,数字库 Usps 和 Mnist。与 MMRR 进行分类性能比较的分类器有最近邻分类器(NN)、支持张量机(STM),张量极限学习机(TELM),广义双线性回归

（GBR）和一维线性回归（1DREG）。其中，NN、STM 和 TELM 都是张量型分类器，GBR 和 1DREG 分别为 $k = 1$ 时和一维情况下线性回归分类器。MMRR 算法中，令 $k = 3$，全 1 初始化，$\mu = 10$。实验中每类样本中随机选择 D 个用于训练，其余的用于测试，最终实验结果为 20 次重复实验所得结果的平均值。图 5.7（a）和图 5.7（b）分别表示了 USPs 库和 Mnist 库中，各分类算法随着 $D = 2,3,4,5,6,7,8,9,10,11,12$ 取值变化的识别结果。可以观察到在所有情况下 MMRR 都取得了最好的分类效果，这种优势在 Mnist 库中最为明显。图 5.7（c）和图 5.7（d）分别表示了在人脸库 FERET 库和 AR 库中，各分类算法分别随着 $D = 1,2,3,4,5,6$ 和 $D = 2,3,4,5,6,7,8,9,10$ 取值变化的识别结果。由于人脸样本比数字样本要复杂，并且维数也更大，在这两个库中，数据在分类前先采用 MPCA 进行了特征提取，99.9% 的信息都得以保留，即 $Q = 0.999$。同样，MMRR 也都取得了最好的分类效果。关于实验结果总结如下：

（1）在不同的数据库中，不论是张量型的分类方法 MMRR，STM，NN，TELM，还是二维分类器 GBR，以及向量型分类方法 1DREG，MMRR 都取得了最好的识别效果。在 Mnist 库和 AR 库中，这种优势尤为明显。这得益于 MMRR 具有更小的拟合误差，更大的可调性。

（2）随着各类中用于训练的样本数量的增多，各算法计算得到的识别率也在逐步增加。这是由于在训练过程中，样本的增加提供了更多的信息，从而在测试阶段能够得到更好的效果。

（3）GBR 是 1DREG 的二维扩展，但是 GBR 的分类效果也不总是优于 1DREG。在图 5.7（b）中可以看出，在大部分点上，1DREG 的识别率都是高于 GBR 的。这是由于张量秩 1 分解中，过于严苛的限制条件，使二维算法出现了较大的拟合误差，影响了 GBR 最终的分类效果。

（4）在人脸库 FERET 和 AR 中，采用了特征提取和分类相结合的方法。经过有效降维以后的样本，具有更小的维度，甚至可以达到个位数。因此，在对 FERET 和 AR 进行分类的分类器，相比对数字库 Usps 和 Mnist 进行分类的分类器，是工作在更小维度条件下的。比较图 5.7（a）和图 5.7（b）与图 5.7（c）和图 5.7（d）的识别结果，可看出，经过降维以后，与 NN 的识别结果相比，线性回归算法 GBR 和 1DREG 的识别率都增加了。对于两个数据，不管是张量形式还是化为向量形式，它们之间的欧式距离都是不变的，从而使基于欧式距离的 NN 分类器，不受数据阶次的限制。在 Usps 和 Mnist 库中，GBR 和 1DREG 的识别率是低于 NN 的，而在特征子空间维数更低的 FERET 和 AR 库，GBR 和 1DREG 在大部分的时候识别率是高于 NN 的。说明经过特征提取环节，基于回归原理的分类算法的性能也得到明显提高。

（5）从图 5.7 的实验结果可看出，在第 4 章提出的张量型分类器 TELM 的识别率虽然高于 STM，但是明显低于 MMRR。考虑到 TELM 算法结构简单，求解过程无须迭代，具有很快的计算速度,相比需要反复优化,收敛次数不确定的 MMRR 来说,在对求解速度和计算量有要求的应用场合中,TELM 分类器仍保有优势。

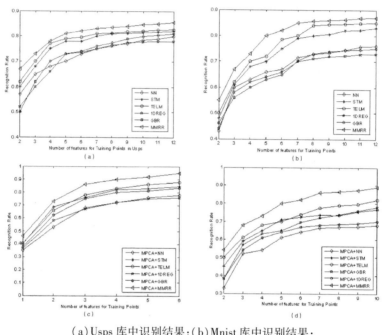

（a）Usps 库中识别结果；（b）Mnist 库中识别结果；

（c）FERET 库中识别结果；（d）AR 库中识别结果

图 5.7　随着训练样本数量的变化,各分类算法在各数据库中的分类结果

5.5　本章小结

在本章中提出了一种新型的张量型分类算法,多线性多秩回归算法。为了克服张量秩 1 分解在计算过程中的参数量不足,不能良好地表征原算法的优化性能,使算法存在较大拟

合误差,影响分类效果的缺点,在本章中,在充分分析线性回归原理的基础上提出了一种基于张量多秩分解的线性回归分类算法。该算法优化过程中所需计算参数为 $k(I_1 + I_2 + \cdots + I_N)$ 个,可以通过设定合适的 k 值,调整参数数量,以保持较小的拟合误差和计算量之间的平衡。本章主要内容如下:

(1) 详细阐述了 MMRR 的算法原理,推导过程,并且给出了多线性算法在优化迭代过程中的具体计算和求解步骤,以及流程图。

(2) 分析了 MMRR 算法的一些对算法运算有重要影响的先决条件。包括初始化方法的选择,迭代截止的条件、收敛性、计算量、各参数的确定等,并在后续的实验中进行了分析和验证。

(3) 采用多种数据库和多种相关张量型或者向量型分类器,同 MMRR 分类器进行分类性能的比较和分析,从实验结果上体现了 MMRR 分类器的优越性。

6

总结与展望

第 6 章　　总结与展望

6.1　全文总结

在模式识别领域中，大多处理对象都具有高维高阶的数据结构，可以用张量数学理论来表示。如人脸识别中的灰度图像可视为二阶张量，彩色图像属于三阶张量，步态识别中的步态视频也可用三阶张量来表示。由于向量型的特征提取和分类算法不适用于直接处理张量数据，学者们近年来提出了一些可直接对张量数据进行特征提取和分类的张量型算法，研究方向主要集中在对向量型算法的张量扩展上。本书在现有张量型算法的研究基础上，提出了新的针对张量数据的特征

提取和分类算法,并对其原理和性能进行了详细的研究和实验分析,主要成果如下:

(1)提出了 MPCA + GTDA 的张量型特征提取算法。由于提取了含有足够信息量和判别信息的特征值,采用 MPCA + GTDA 对张量型数据进行降维获得了良好的识别效果。通过在灰度人脸,步态和彩色人脸数据库上的实验,同 PCA + LDA、2DPCA + 2DLDA、MPCA、MDA、GTDA 和 MPCA + MDA 算法进行比较,MPCA + GTDA 和 MPCA + MDA 都取得了最好的识别结果。MDA 的不稳定性在步态数据库的实验中尤为明显,MPCA + MDA 的识别率反复波动。考虑到 MDA 的不收敛性,MPCA + GTDA 不失为张量数据特征提取的最优选择。实验分析表明 GTDA 可以在 4 次迭代计算内快速收敛。GTDA 对初始化条件的选择不敏感,采用 FPT 初始化方法可以使其更快收敛。

(2)基于张量的秩 1 分解,将一维 ELM 算法扩展到二阶和张量领域,得到 2DELM 和 TELM 分类器。TELM 和 2DELM 可看作 ELM 算法中的一个特例,保留了数据内部信息的张量型 ELM 可以取得比 ELM 更好的分类效果。张量型 ELM 在张量化过程中所需计算的参数显著减少,具有更快的学习速度。在人脸和步态数据库的实验中发现,在 2DELM 或 TELM 分类之前,若采用合适的特征提取算法对输入数据进行有效降维,减少冗余信息,可以进一步提高样本的识别率。输入数据越庞大,越复杂,冗余信息越多,张量型 ELM 分类器相比 ELM 分类器的优势就越明显。在同 NN、SVM 等分类器的实验中,张量型 ELM 分类器也取得了最好的分类结果。

（3）基于张量秩 1 分解的张量型算法,所需求解的参数由 $(I_1 I_2 \cdots I_n)$ 减少到 $(I_1 + I_2 + \cdots + I_n)$。变量的减少固然会减少算法的运算量,但是也会因自由变量太少使算法出现较大的拟合误差,无法取得满意的识别效果。针对秩 1 分解过程中变量过少的问题,提出了基于张量多秩分解和线性回归算法的张量型分类器,多线性多秩回归算法,使可调变量数增加到 $k(I_1 + I_2 + \cdots + I_n)$。$k$ 值为秩的个数,通过调整 k 值改变变量数目,使 MMRR 分类算法具有更好的灵活性和更小的拟合误差。实验结果表明初始化方法的选择,k,j 参数的取值,都会影响 MMRR 的计算结果。其中 k 值的增大会增加算法的计算量和识别率,而初始化方法和 j 值的变化对分类效果影响不大。

MMRR 达到收敛所需要迭代计算的次数,会随着 k 值,输入数据大小和数量的改变而改变。在与 NN、STM、TELM、GBR 和 1DREG 分类器比较的一系列实验中,MMRR 都取得了最好的分类效果。

6.2　工作展望

针对目前在基于张量数据的模式识别领域中降维和分类算法方面存在的一些问题和可以改进的方法上面,本书提出了一些新的张量型特征提取和分类算法。为识别领域内面对高维高阶的张量型数据的时候,提供了新的思路和选择。在信息大发展的时代,数据的维数和阶数都在不断增大,张量型算法的研究对大数据分析问题有着重要推动作用,但同时,该领域也还有很多待求解的问题。新的研究方向可分类两类,一类是张量型新算法的研究,另一类是将张量型算法拓展到到新的应用领域,主要概括如下:

(1) 在本书中所用到的多线性算法中,如 MPCA、MDA、GTDA、TELM 和 MMRR,都是采用的张量到张量的线性映射方式,大多数张量型算法也是基于 TTP 的映射方式。而关于另一种基于张量到向量的 TVP 映射方式的张量型算法则较少,主要有 UMPCA 和 UMDA。TVP 投影方法可以将张量变换为向量输出,再和其他成熟的向量型算法相配合,同样能取得不错的识别效果。因此,基于 TVP 的张量型算法的研究,可作为下一步研究的一个方向。

(2) 在本书中,提出了 MPCA + GTDA 的张量型特征提取算法,并且如果在采用 2DELM 和 TELM 分类之前,先采用 MPCA 对样本数据进行降维,能够取得更好的分类效果,这些都说明,将张量型算法合理联用,能够取得更高的识别率。因此,使一些张量型特征提取算法和张量型分类算法组合起来,也是一个有潜力的研究方向,如 MPCA + MMRR,MPCA + GTDA + TELM 等。

(3) 关于将经典向量型分类器向张量型分类器的扩展,目前还主要针对一些数学模型比较简单的线性分类算法,如 SVM 和本书用到的 ELM 与线性回归模型。还有很多性能优越的分类算法,如结构相对复杂的神经网络、仿生算法等,也可以进一步地推广到张量领域,作为未来的一个研究重点。

（4）张量型模式识别方法的应用领域，除了常见的生物信息识别方面，在一些其他应用领域也可以大展身手，如医学类图像或信号识别分析[101]、聚类[102]、动作视频识别[103]、活动识别[104]、动作识别[105][106]等。另外，在环境检测中传感器获取的数据，往往可以表示成三阶张量，各模分别对应于时间、位置和类型[107]，社交网络中的数据也可以用张量表示，各模对应于时间、作者和关键词[108]。这些张量型数据都可以作为研究对象进行深入的探讨。

缩写符号对照表

1DREG	One Dimensional Regression methods	一维线性回归方法
2D - ELM	Two - Dimensional Extreme Learning Machine	二维极限学习机
2D - NNRW	Two - Dimensional Neural Network with Random Weights	二维随机权重神经网络

APP	Alternating Partial Projections	交替局部投影
B2DPCA	Bidirectional Two – Dimensional Principal Component Analysis	双向二维主成分分析
CCA	Canonical Correlation Analysis	典型相关分析
DLLE	Discriminant Locally Linear Embedding	判别局部线性嵌入
ELM	Extreme Learning Machine	极限学习机
EMP	Elementary Multilinear Projection	基本多线性投影

FPT	Full Projection Truncation	全投影截断
FTSA	Fusion Tensor Subspace Analysis	融合张量子空间
GTDA	General Tensor Discriminant Analysis	广义张量判别分析
GBR	Generalised Bilinear Regression	广义双线性回归
GLRAM	Generalized Low Rank Approximations of Matrices	广义低秩矩阵逼近
GPCA	Generalized Principal Component Analysis	广义主成分分析

HOSVD	Higher Order Singular Value Decomposition	高阶奇异值分解
ICA	Independent Component Analysis	独立成分分析
Isomap	Isometric Mapping	等距映射算法
KCCA	Kernel Canonical Correlation Analysis	核典型相关分析
KFD	Kernel Fisher Discriminant Analysis	核Fisher判别分析
KPCA	Kernel Principal Component Analysis	核主成分分析

LDA	Linear Discriminant Analysis	线性判别分析
LDE	Local Discriminant Embedding	局部鉴别嵌入
LLE	Local Linear Embedding	局部保持映射
LPP	Locality Preserving Projections	保局部投影
LRC	Linear Regression Classifier	线性回归分类方法
MDA	Multilinear Discriminant Analysis	多线性判别分析

MICA	Multilinear Independent Component Analysis	多线性独立成分分析
MPCA	Multilinear Principal Component Analysis	多线性主成分分析
MRMLSVM	Multiple Rank Multi – Linear SVM	多秩多线性支持向量机
MRR	Multiple Rank Regression model	多秩回归模型
MSD	Maximum Scatter Difference	最大散度差
MSVD	Multilinear Singular Value Decomposition	多线性奇异值分解

NMPCA	Non – negative Multilinear Principal Component Analysis	非负多线性主成分分析
NPE	Neighborhood Preserving Embedding	保持邻域嵌入
PLSA	Partial Least Squares Analysis	偏最小二乘分析
RMPCA	Robust Multilinear Principal Component Analysis	鲁棒多线性主成分分析
RMSTMs	higher rank Relative Margin Support Tensor Machines	高秩相对边缘支持张量机
RR	Ridge Regression	岭回归

SLFNs	Single – hidden Layer Feedforward Networks	单隐层前馈神经网络
STM	Support Tensor Machine	支持张量机
STMs	higher rank Support Tensor Machines	高阶支持张量机
STR	higher rank Support Tensor Regression	高秩支持张量回归
SVM	Support Vector Machine	支持向量机
TDCS	Tensor Discriminant Color Space	张量判别彩色子空间

TDLLE	Tensor Discriminant Locally Linear Embedding	张量判别局部线性嵌入
TELM	Tensorial Extreme Learning Machine	张量极限学习机
TKPCA	Tensorial Kernal Principal Component Analysis	张量核主成分分析
TLDE	Tensor Local Discriminant Embedding	张量局部鉴别嵌入
TNPE	Tensor Neighborhood Preserving Embedding	张量保持邻域嵌入
TRR	higher rank Tensor Ridge Regression	高秩张量岭回归

TSA	Tensor Subspace Analysis	张量子空间分析
TTP	Tensor to Tensor Projection	张量－张量投影
TVP	Tensor to Vector Projection	张量－矢量投影
UMDA	Uncorrelated Multilinear Discriminant Analysis	不相关多线性判别分析
UMPCA	Uncorrelated Multilinear Principal Analysis	不相关多线性主成分分析

数学符号对照表

a	标量
$\boldsymbol{a}$ 矢量	
$\mathbf{A}$	矩阵
$\mathcal{A}$	张量
$\mathbf{A}_{(n)}$	张量 $\mathcal{A}$ 沿第 n 模展开矩阵
$\mathbf{A}^{T}$	矩阵 $\mathbf{A}$ 的转置
$\mathbf{A}^{-1}$	矩阵 $\mathbf{A}$ 的逆
$\parallel \mathcal{A} \parallel_{F}^{2}$	张量 $\mathcal{A}$ 的范数
$\overline{\mathcal{A}}$	平均张量
$\langle \mathcal{A}, \mathcal{B} \rangle$	张量 $\mathcal{A}$ 和张量 $\mathcal{B}$ 的内积

$\mathcal{A} \times_n \mathbf{U}$	张量 $\mathcal{A}$ 与矩阵 $\mathbf{U}$ 的 n 模乘积
$\mathbf{A} \otimes \mathbf{B}$	矩阵 $\mathbf{A}$ 与矩阵 $\mathbf{B}$ 的克罗内克积
$\mathbf{A} \odot \mathbf{B}$	矩阵 $\mathbf{A}$ 与矩阵 $\mathbf{B}$ 的 Khatri – Rao 积
$\mathbf{a} \cdot \mathbf{b}$	向量 $\mathbf{a}$ 与向量 $\mathbf{b}$ 的外积
arg max	全局最大化
arg min	全局最小化
$\mathbf{b}$	偏置
b_r	第 r 类偏置
C	总分类数
c_m	第 m 个样本所属的类别信息
$dist(\mathcal{A}, \mathcal{B})$	张量 $\mathcal{A}$ 和张量 $\mathcal{B}$ 的距离
$d_r^{(j)}$	$\hat{\mathbf{U}}_r^{(-j)}$ 及其转置矩阵的乘积
$\mathbf{e}$	含有 L 个 1 的行向量
$g(\cdot)$	激活函数
$\mathbf{H}$	神经网络的隐含层输出矩阵

$\mathbf{H}^+$	矩阵 $\mathbf{H}$ 的 Moore – Penrose 广义逆
i	第 i 秩
I_n	张量第 n 模的维数
$I_{(-j)}$	除以 I_j 外所有维数的乘积
$\mathbf{I}$	单位矩阵
k	秩的个数
$K, P\ DW$ 最大循环次数	
$loss(\cdot)$	损失函数
L	总输入张量样本数
$£(\cdot)$	线性回归目标函数
$L_j(\cdot)$	张量模 j 展开矩阵线性回归目标函数
N	张量最高阶次
$O(\cdot)$	正比于
P_n	张量子空间第 n 模的维数
Φ	张量型 ELM 隐含层输出矩阵

$\boldsymbol{\Psi}_{\mathcal{Y}}$	张量$\mathcal{Y}$的总离散度
$\boldsymbol{\Psi}_{\mathcal{Y}B}$	张量$\mathcal{Y}$的类间离散矩阵
$\boldsymbol{\Psi}_{\mathcal{Y}W}$	张量$\mathcal{Y}$的类内离散矩阵
$\boldsymbol{\Psi}_{\mathcal{Y}dif}$	张量$\mathcal{Y}$的总散度差矩阵
Q	信息量比例值
$\mathfrak{R}$	实数组
S_B	类间离散矩阵
S_T	协方差矩阵
S_W	类内离散矩阵
$Tr(\cdot)$	矩阵的迹
μ	正则项调节参数
$\mathbf{u}^{(n)}$	第 n 模投影向量
$\mathbf{u}_p^{(n)}$	第 p 个第 n 模投影向量
$\mathbf{u}_{ri}^{(n)}$	第 r 类第 i 秩第 n 模展开投影向量
$\mathbf{u}_{ri}^{(-i)}$	

第 r 类第 i 秩除第 j 模投影向量外其他模展开投

影向量的克罗内克积

$\mathbf{U}_{LDA}$ LDA 投影矩阵

$\mathbf{U}_{MSD}$ MSD 投影矩阵

$\{\mathbf{U}^{(n)}\}$ TTP 中的 N 个投影矩阵

$\{\tilde{\mathbf{U}}^{(n)}\}$ $\{\mathbf{U}^{(n)}\}$ 的次优解

$\{\mathbf{U}_r^{(n)}\}$ 第 r 类的 N 个投影矩阵

$\{\mathbf{U}_r^{(-n)}\}$

　　　　$\{\mathbf{U}_r^{(n)}\}$ 中除 $\{\mathbf{U}_r^{(n)}\}$ 以外的其他变换矩阵的

　　　　Khatri – Rao 积

$\{\hat{\mathbf{U}}_r^{(j)}\}$ $\mathbf{u}_{ri}^{(j)}$ 组成的行向量

$\{\hat{\mathbf{U}}_r^{(-j)}\}$ $\mathbf{u}_{ri}^{(-j)}$ 组成的行向量

$\mathrm{Vec}(\cdot)$ 向量化

$\mathbf{w}$ 输入权重

$\mathcal{W}_r$ 第 r 类变换张量

$\boldsymbol{\mathcal{W}}_r^p$	第 p 次循环计算得到的第 r 类变换张量
$\overline{\boldsymbol{x}}$	第 c 类所含样本张量均值
$\mathbf{X}_{l(j)}$	第 l 个样本 x_l 沿第 j 模展开矩阵
$\hat{\mathbf{X}}_{lr}^{(j)}$	$\mathbf{X}_{l(j)}$ 与 $\mathbf{u}_{ri}^{(-j)}$ 相乘得到的行向量
$\tilde{\mathbf{X}}_r^{(j)}$	L 个 $\hat{\mathbf{X}}_{lr}^{(j)}$ 组成的矩阵
$\mathbf{y}_r$	L 个样本在第 r 类的类别信息
y_{lr}	第 l 个样本在第 r 类中的类别属性
$\boldsymbol{\beta}$	输出权重
$\Omega(\cdot)$	正则项
Λ	$\mathbf{I} - \dfrac{1}{L}\mathbf{e}^T\mathbf{e}$
ε	微小量

参考文献

［1］ Bishop C M. Pattern Recognition and Machine Learning ［M］. Springer,2006.

［2］ 张学工. 模式识别(第三版)［M］. 北京:清华大学出版社,2010.

［3］ 李晶皎. 模式识别(第四版)［M］. 北京:电子工业出版社,2010.

［4］ 沈理,刘翼光,熊志勇. 人脸识别原理及算法－动态人脸识别系统研究［M］. 北京:人民邮电出版社,2014.

［5］ 张强. 面向人脸识别的流形正则化判别特征提取算法研究［D］. 上海:上海交通大学,2013.

［6］ Jolliffe I. Principal Component Analysis. 2nd ed ［M］. John Wiley & Sons,2002.

［7］ Hyv ä rinen,Oja E. Independent component analysis:

Algorithms and applications [J]. Neural Networks,2000, 13(4 - 5):411 - 430.

[8] Hyv ä rinen A,Karhunen J,Oja E. Independent Component Analysis [M]. John Wiley &Sons,2001.

[9] Belhumeur P N,Hespanha J P,Kriegman D J. Eigenfaces vs fisherfaces:Recognition using class specific linear projection [J]. IEEE Transactions on Pattern Analysis and Machine Intelligence,1997,19(7):711 - 720.

[10] Hardoon D,Szedmak S,Shawe - Taylor J. Canonical correlation analysis:An overview with aoolication to learning methods [J]. Neural Computation,2004, 16(12):2639 - 2664.

[11] Rosipal R,Krmer N. Overview and Recent Advances in Partial Least Squares [M]. Subspace, Latent Structure and Feature Selection,Berlin:Springer - Verlag,2006:34 - 51.

[12] Song F,Zhang D,Mei D,et al. A multiple maximum scatter difference discriminant criterion for facial feature extraction [J]. IEEE Transactions on Systems, Man, and Cybernetics, Part B:Cybernetics,2007,37(6):

1599 – 1606.

[13] Schölkopf B,Smola A,Müller K. Kernel principal component analysis [C]. In: Springer Berlin / Heidelberg. Artificial Neural Networks— ICANN97, 1997:583 – 588.

[14] Wenming Z. Facial expression recognition using kernel canonical correlation analysis (KCCA) [J]. IEEE Transactions on Neural Networks,2006,17(1):233 – 238.

[15] Mika S,Ratsch G,Weston J,et al. Fisher discriminant analysis with kernels [C]. In: Proceedings of the 1999 IEEE Signal Processing Society Workshop,1999:41 – 48.

[16] Tenenbaum J B,De Silva V,Langford J C. A global geometric framework for nonlinear dimensionality reduction [J]. Science,2000,290(5500): 2319 – 2323.

[17] Roweis S T,Saul L K. Nonlinear dimensionality reduction by locally linear embedding [J]. Science,2000, 290(5500):2323 – 2326.

[18] He X,Yan S,Hu Y,et al. Face recognition using

Laplacianfaces [J]. IEEE Transactions on Pattern Analysis and Machine Intelligence,2005,27(3):328 - 340.

[19] Huang G B,Zhu Q Y,Siew C K. Extreme learning machine:Theory and applications [J]. Neurocomputing, 2006,70: 489 - 501.

[20] So S S,Karplus M. Evolutionary optimization in quantitative structure - activity relationship: An application of genetic neural networks [J]. Journal of Medicinal Chemistry,1996,39(7) : 1521 - 1530.

[21] 宋敏. 基于神经网络的目标识别技术研究[D]. 南京:南京理工大学,2005.

[22] Qin J,He Z S. A SVM face recognition method based on Gabor - featured key points [C]. In:Proceeding of the 4th IEEE Conference on Machine Learning and Cybernetics,2005:5144 - 5149.

[23] Yang J,Zhang D,Frangi A F,et al. Two - dimensional PCA:A new approach to appearance - based face representation and recognition [J]. IEEE Transactions on Pattern Analysis and Machine Intelligence,2004,

26(1):131 – 137.

[24] Li M,Yuan B. 2D – LDA:A statistical linear discriminant analysis for image matrix [J]. Pattern Recognition Letters,2005,26(5):527 – 532.

[25] Chen S,Zhao H,Kong M,et al. 2D – LPP:A two – dimensional extension of locality preserving projections [J]. Neurocomputing,2007,70(4):912 – 921.

[26] Zhang D,Zhou Z. (2D)2PCA:2 – directional 2 – dimensional pca for efficient face representation and recognition [J]. Neurocomputing,2005,29:224 – 231.

[27] Noushath S,Kumar G H,Shivakumara P. (2D)^{2}LDA:An efficient approach for face recognition [J]. Pattern Recognition,2006,39(7):1396 – 1400.

[28] Lu H,Plataniotis K N,Venetsanopoulos A N. MPCA: Multilinear principal component analysis of tensor objects [J]. IEEE Transactions on Neural Networks, 2008,19(1):18 – 39

[29] Yan S,Xu D,Yang Q,et al. Multilinear discriminant analysis for face recognition [J]. IEEE Transactions on Image Processing,2007,16(1):212 – 220.

[30] Tao D, Li X, Wu X, et al. General tensor discriminant analysis and gabor features for gait recognition [J]. IEEE Transactions on Pattern Analysis and Machine Intelligence, 2007, 29(10):1700 - 1715.

[31] He X, Cai D, Niyogi P. Tensor subspace analysis [C]. In: Advances in Neural Information Processing Systems, 2005:499 - 506.

[32] Zhao Q, SchulzeBonhage A, Cichocki A S. Multilinear subspace regression: An orthogonal tensor decomposition approach [C]. In: Advances in Neural Information Processing Systems, 2007:1269 - 1277.

[33] Lu H, Plataniotis K N, Venetsanopoulos A N. A survey of multilinear subspace learning for tensor data [J]. Pattern Recognition, 2011, 44(7):1540 - 1551.

[34] Kong H, Wang L, Teoh E K, et al. Generalized 2D principal compoent analysis for face image representation and recognition [J]. Neural Networks, 2005, 18(5): 585 - 594.

[35] Ye J. Generalized low rank approximations of matrices [J]. Machine Learning, 2005, 61(1 - 3):167 - 191.

[36] Inoue K, Hara K, Urahama K. Robust multilinear principal component analysis [C]. In: IEEE 12th International Conference on Computer Vision, 2009: 591 – 597.

[37] Panagakis Y, Kotropoulos C, Arce G R.. Non – negative multilinear principal component analysis of auditory temporal modulations for music genre classification. IEEE Transactions on Audio, Speech, and Language Processing, 2010, 18(3): 576 – 588.

[38] Liu C, Wei – sheng X, Qi – di W. TKPCA: Tensorial Kernel Principal Component Analysis for action recognition [J]. Mathematical Problems in Engineering, 2013.

[39] Raj R G, Bovik A C. MICA: A multilinear ICA decomposition for natural scene modeling [J]. IEEE Transactions on Image Processing, 2008, 17(3): 259 – 271.

[40] Dai G, Yeung D Y. Tensor embedding methods [C]. In: Proceedings of the 21th National Conference on Artificialntelligence, 2006: 330 – 335.

[41] Li X,Lin S,Yan S,et al. Discriminant locally linear embedding with high – order tensor data [J]. IEEE Transactions on Systems, Man, and Cybernetics, Part B: Cybernetics,2008, 38(2): 342 – 352.

[42] He X,Cai D,Yan S,et al. Neighborhood preserving embedding [C]. In: 10th IEEE International Conference on Computer Vision,2005,2:1208 – 1213.

[43] Chen H T,Chang H W,Liu T L. Local discriminant embedding and its variants [C]. In: IEEE Computer Society Conference on Computer Vision and Pattern Recognition (CVPR 2005),2005,2:846 – 853.

[44] Baboli A A S,Rezai – rad G,Baboli A S. MPCA + DATER:A novel approach for face recognition based on tensor objects [C]. In:18th Telecommunications forum,2010.

[45] Lu H,Plataniotis K N,Venetsanopoulos A N. Uncorrelated multilinear principal component analysis for unsupervised multilinear subspace learning [J]. IEEE Transactions on Neural Networks,2009,20(11): 1820 – 1836.

[46] Lu H,Plataniotis K N,Venetsanopoulos A N. Uncorrelated multilinear discriminant analysis with regularization for gait recognition [C]. In:Proceedings of the Biometrics Symposium 2007 (BSYM 2007) ,2007.

[47] Lu H,Plataniotis K N,Venetsanopoulos A N. Uncorrelated multilinear discriminant analysis with regularization and aggregation for tensor object recognition [J]. IEEE Transactions on Neural Networks,2009,20(1):103 – 123.

[48] Tao D,Li X,Wu X,et al. Supervised tensor learning[J]. Knowledge and information systems,2007,13(1):1 – 42.

[49] Hou C,Nie F,Zhang C,et al. Multiple rank multi – linear SVM for matrix data classification [J]. Pattern Recognition,2014,47(1):454 – 469.

[50] Kotsia I,Guo W,Patras I. Higher rank support tensor machines for visual recognition [J]. Pattern Recognition,2012,45(12): 4192 – 4203.

[51] Gabriel K R. Generalised bilinear regression [J].

Biometrika,1998,85(3):689 – 700.

[52] Zhao Q,Caiafa C F,Mandic D P,et al. Multilinear Subspace Regression:An Orthogonal Tensor Decomposition Approach [C]. In:Advances in Neural Information Processing Systems,Granada,Spain,2011: 1269 – 1277.

[53] Hou C,Nie F,Yi D,et al. Efficient image classification via multiple rank regression [J]. IEEE Transactions on Image Processing,2013,22(1):340 – 352.

[54] Guo W,Kotsia I,Patras I. Tensor learning for regression [J]. IEEE Transactions on Image Processing,2012, 21(2): 816 – 827.

[55] Ma Z,Yang Y,Nie F,et al. Thinking of images as what they are:Compound matrix regression for image classification [C]. In:Proceedings of the Twenty – Third international joint conference on Artificial Intelligence, AAAI Press,2013:1530 – 1536.

[56] Rövid A,Szeidl L,Várlaki P. On tensor – product model based representation of neural networks [C]. In:15th IEEE International Conference on Intelligent Engineering

Systems（INES）,2011:69 – 72.

[57] Lu J,Zhao J,Cao F. Extended feed forward neural networks with random weights for face recognition [J]. Neurocomputing,2014,136:96 – 102.

[58] 张丽梅,乔立山,陈松灿.基于张量模式的特征提取及分类器设计综述[J]. 山东大学学报（工学版）,2009,39(1):6 – 14.

[59] Phillips P J,Moon H,Rizvi S,et al. The FERET evaluation methodology for face – recognition algorithms [J]. IEEE Transactions on Pattern Analysis and Machine Intelligence,2000,22(10):1090 – 1104.

[60] Martinez A M,R. Benavente. The AR face database [J]. CVC Technical Report,1998,24.

[61] Sarkar S,Phillips P J,Liu Z,et al. The human ID gait challenge problem:Data sets,performance,and analysis [J]. IEEE Transactions on Pattern Analysis and Machine Intelligence,2005,27(2):162 – 177.

[62] Kolda T G,B W Bader. Tensor decompositions and applications [J]. SIAM Review, 2009,51(3),455 – 500.

［63］De Lathauwer L,De Moor B,Vandewalle J. A multilinear singular value decomposition ［J］. SIAM journal on Matrix Analysis and Applications,2000,21（4）:1253 – 1278.

［64］张贤达. 矩阵分析与应用（第二版）［M］. 北京:清华大学出版社,2013:583 – 585.

［65］Kofidis E,Regalia P A. On the best rank – 1 approximation of higher – order supersymmetric tensors ［J］. SIAM Journal on Matrix Analysis and Applications,2002,23（3）:863 – 884.

［66］Kroonenberg P,Leeuw J. Principal component analysis of three – mode data by means of alternating least squares algorithms ［J］. Psychometrika,1980,45（1）:69 – 97.

［67］Lu H,Plataniotis K N,Venetsanopoulos A N. Multilinear Subspace Learning:Dimensionality Reduction of Multidimensional Data ［M］. CRC press,2013:93 – 96.

［68］宋枫溪,张大鹏,杨静宇. 基于最大散度差鉴别准则的自适应分类算法 ［J］. 自动化学报,2006,32（4）,541 – 549.

［69］陈慧娟. 基于基因表达数据的肿瘤分类算法研究 ［D］.

北京:中国矿业大学,2012:26 - 28.

[70] Mohammed A A,Minhas R,Jonathan Q M,et al. Human face recognition based on multidimensional PCA and extreme learning machine [J]. Pattern Recognition, 2011,44:2588 - 2597.

[71] He Q,Jin X,Du C,et. al. Clustering in extreme learning machine feature space [J]. Neurocomputing,2014,128: 88 - 95.

[72] Zong W,Huang G B. Face recognition based on extreme learning machine [J]. Neurocomputing,2011,74(16): 2541 - 2551.

[73] Yin M,Gao J,Cai S. Image super - resolution via 2D tensor regression learning [J]. Computer Vision and Image Understanding,2015,132:12 - 23.

[74] Zhou H,Li L,Zhu H. Tensor regression with applications in neuroimaging data analysis [J]. Journal of the American Statistical Association,2013,108(502):540 - 552.

[75] 朱杰. 特征提取和模式分类问题在人脸识别中的应用与研究[D]. 南京:南京理工大学,2012:13 - 14.

[76] Tikhonov A. Regularization of Incorrectly Posed Problems [C]. Soviet Mathmatics, 1963,4:1624 – 1627.

[77] Tibshirani R. Regression shrinkage and selection via the LASSO [J]. Journal of the Royal Statistical Society, Series B(Methodological) ,1996,58(1) :267 – 288.

[78] 王济川,郭志刚. Logistic 回归模型:方法与应用[M]. 北京:高等教育出版社,2001.

[79] Zou H,Hastie T. Regularization and variable selection via the elastic net [J]. Journal of the Royal Statistical Society: Series B (Statistical Methodology) ,2005, 67(2) :301 – 320.

[80] Zhang P,Peng J. Efficient regularized least squares classification [C]. IEEE Conference on Computer Vision and Pattern Recognition Workshop,2004:98 – 98.

[81] 叶长明. 三维人脸识别中若干关键问题的研究[D]. 合肥:合肥工业大学,2012:16 – 21.

[82] Kong S,Wang D. A report on multilinear PCA plus multilinear LDA to deal with tensorial data: visual classification as an example [J]. arXiv preprint,1203.

0744v1,2012.

[83] Baboli A A S,Rezai - rad G,Baboli A S. MPCA + DATER:A novel approach for face recognition based on tensor objects [C]. In:18th Telecommunications forum,2010.

[84] Baboli A S,Nia S M H,Baboli A A S,et al. A new method based on MDA to enhance the face recognition performance [J]. International Journal of Image Processing,2011,5(1): 69.

[85] Hosseyninia S M,Roosta F,Baboli A A S,et al. Improving the performance of MPCA + MDA for face recognition [C]. In:19th Iranian Conference on Electrical Engineering,2011.

[86] Lu H,Plataniotis K N,Venetsanopoulos A N. A taxonomy of emerging multilinear discriminant analysis solutions for biometric signal recognition [M]. Wiley/IEEE,2009.

[87] Li J,Zhang L,Tao D,et al. A prior neurophysiologic knowledge free tensor - based scheme for single trial EEG classification [J]. IEEE Transactions on Neural Systems and Rehabilitation Engineering,2009,17(2):

107 – 115.

[88] 徐迪红. 交通标志检测和分类算法研究[D]. 武汉:武汉大学,2010:87 – 91.

[89] Yang J,Liu C. Color image discriminant models and algorithms for face recognition [J]. IEEE Transactions on Neural Networks,2008,19(12):2088 – 2098.

[90] Wang S J,Yang J,Zhang N,et al. Tensor discriminant color space for face recognition [J]. IEEE Transactions on Image Processing,2011,20(9):2490 – 2501.

[91] Wang S J,Zhou C G,Fu X. Fusion tensor subspace transformation framework [J]. PloS One,2013,8(7),e66647.

[92] Huang G B,Ding X,Zhou H. Optimization method based extreme learning machine for classification [J]. Neurocomputing,2010,74(1):155 – 163.

[93] Matias T,Souza F,Araújo R,et al. Learning of a single – hidden layer feedforward neural network using an optimized extreme learning machine [J]. Neurocomputing,2014,129:428 – 436.

[94] Huang G B,Zhu Q Y,Siew C K. Extreme learning

machine:A new learning scheme of feedforward neural networks［C］.In:International Joint Conference on Neural Networks,2004,2:985 – 990.

［95］ Cai D,He X,Hu Y,et al.Learning a spatially smooth subspace for face recognition［C］.In: IEEE Conference on Computer Vision and Pattern Recognition,2007:1 – 7.

［96］ Wang S,Ma Z,Yang Y,et al.Semi – supervised multiple feature analysis for action recognition ［J］.IEEE Transactions on Multimedia,2014,16(2):289 – 298.

［97］ Yin M,Gao J,Cai S.Image super – resolution via 2D tensor regression learning ［J］.Computer Vision and Image Understanding,2015,132:12 – 23.

［98］ Kong A,Zhang D,Kamel M.A survey of palmprint recognition［J］.Pattern Recognition, 2009,42(7):1408 – 1418.

［99］ 朱杰.特征提取和模式分类问题在人脸识别中的应用与研究［D］.南京:南京理工大学,2012:30 – 35.

［100］ Cai D,He X,Han J.SRDA:An efficient algorithm for large – scale discriminant analysis ［J］. IEEE

Transactions on Knowledge and Data Engineering, 2008,20(1):1 - 12.

[101] Nolker C,Ritter H. Visual recognition of continuous hand postures [J]. IEEE Transactions on Neural Networks,2002,13(4):983 - 994.

[102] Xu R,Wunsch D. Survey of clustering algorithms [J]. IEEE Transactions on Neural Networks,2005,16(3): 645 - 678.

[103] Naiel M,Abdelwahab M M,El - Saban M. Multi - view human action recognition system employing 2DPCA [C]. In:IEEE Workshop on. Applications of Computer Vision (WACV), 2011:270 - 275.

[104] Green R D,Guan L. Quantifying and recognizing human movement patterns from monocular video images - part ii: applications to biometrics [J]. IEEE Transactions on Circuits and Systems for Video Technology,2004, 14(2):191 - 198.

[105] Poppe R. A survey on vision - based human action recogtniton [J]. Image and vision computing,2010, 28(6):976 - 990.

[106] Wang Y, Mori G. Human action recognition by semilatent topic models [J]. IEEE Transactions on Pattern Analysis and Machine Intelligence, 2009, 31(10):1762 – 1774.

[107] Faloutsos C, Kolda T G, Sun J. Mining large time – evolving data using matrix and tensor tools [C]. In: International Conference on Machine Learning 2007 Tutorial, 2007.

[108] Sun J, Tao D, Faloutsos C. Beyond streams and graphs: Dynamic tensor analysis [C]. In: Proceedings of the 12th ACM SIGKDD international conference on Knowledge discovery and data mining, 2006:374 – 383.